KB078833

나의 존경하는 부모님과
사랑하는 아들 성우에게
이 책을 바칩니다.

HOLISM AESTHETIC

홀리즘 에스테틱 이해하기

이영 지음

좋은땅

추천글

Chief Holism Aesthetic Officer, Young Lee

한국 내 에스테틱 프로페셔널 및 테라피를 사랑하시는 고객님들께 인사드리게 되어 매우 흥분되고 반갑게 생각합니다. 그리고, Young Lee의 『홀리즘 에스테틱 이해하기』의 출간을 진심으로 축하합니다.

나의 지난 60년간 프로페셔널 커리어 가운데, 저자와 같이 이렇게 정직하고 성실하며 우직하게, 때로는 상업적 관점에서 벗어나, 고객의 질병예방 관점에서 에스테틱을 대하고 바라보는 사람을 만나 본 적이 없었던 것 같습니다. 나에게 당신과 같이 맑은 영혼을 가진 진실된 친구가 있다는 사실에 너무 감사하며 영광으로 생각합니다.

이 책은 홀리즘테라피를 통해 인간의 몸에 대한 해석과 건강에 대한 진지하고 심오한 컨텐츠를 담고 있는 생애 관리에 대한 스토리이다. 아유르베다 의학 기반의 홀리즘적 관점을 에스테틱 시각으로 충실하고 진지하게 재해석한 깊이 있게 총정리된 마스터피스입니다.

내가 특히 저자에 대해서 존경스럽게 생각하는 점은 이 책에서 지난 20년간 홀리즘 에스테틱 분야의 불모지였던 한국에서 자신이 직접 이태리, 프랑스, 인도, 중국, 한국 등에서 몸소 체험했던 교육세미나, 컨설팅 및 테라피 활동을 통해 전파하였고 수많은 고객들의 건강을 책임져 왔습니다.

더욱이, 이러한 경험의 결실을 에스테틱 업계에서는 유일무이한 홀리즘 에스테틱 브랜드인 브레라인의 홍보, 마케팅, 유통하며 축적된 경험을 바탕으로 집필한 세계 최초의 홀리즘 에스테틱 관련 책이므로 더욱 교육적 활용 가치가 높고 신뢰할 수 있습니다.

앞으로도 내 친구, Young Lee가 홀리즘 에스테틱을 통해 인류의 건강한 생애 관리를 위한 도전과 열정이 향후에 위대한 결실을 맺을 것이라고 확신하며, 한국에 계신 독자분들과 브레라인을 사랑하시는 고객님들의 사업 번창과 건강을 진심으로 기원합니다. 대단히 감사합니다. Grazie Mille.

장 카를로 마리니
(홀리즘 전문가, 브레라인 오너, 자선사업가)

머리글

홀리즘이란, 사전적 의미로는 각 부분들이 밀접하게 연결되고 결합된 것으로 하나의 독립된 실체를 이룬다고 주장하는 이론으로, 그리스어 'ὅλος(holos)'에서 유래한 용어이며, '전체의', '모든'이라는 의미를 지닌다. '인간의 최대 욕망인 최고의 아름다움은 진정한 건강에서 비롯된다.'라는 의미입니다.

피부는 육체의 한 부분으로, 마음이 머무르는 장소가 몸이라고 하면, 결국 마음에 의해 컨트롤 되는 몸(육체)은 마음, 정신과 유기적인 상호관계에 있고, 모든 것을 그대로 담고 표현하고 있는 장소는 피부입니다.

피부는 우리 몸을 둘러싸고 있는 맨 마지막 보호장벽으로서 내 안의 모든 것을 담고 밖으로 드러냅니다.

결국 우리는 스킨케어전부터 피부가 표현하고자 하는 신호를 감지해야 합니다.

피부는 색소, 기미, 트러블, 붉음, 늘어짐, 꺼짐, 주름 등 다양한 증상으로 드러내고 표현합니다. 왜 피부는 사람마다 각기 다른 신호를 보내는 것일까요?

피부는 나의 과거의 산물이자 오늘의 증상이고 내일을 예고합니다.

피부는 내가 무엇을 먹고
어떻게 호흡하고
무엇을 느끼고 생각하는지
그래서 행복한지, 아닌지를
그대로 표현하고 있는 언어입니다. (li Linguaggio della Pelle 피부언어)

피부를 만진다는 것은 단순 껍질(皮)만 터치할 수 없습니다. 피부를 만지는 순간 피부를 통해 신경, 림프 등 다양한 기관들을 통해 근육과 순환계를 의도치 않게 자극을 하게 되고 더불어 감각기관을 통해 마음과 정신을 터치하게 됩니다. 이렇듯 홀리즘 에스테티션은 홀리즘적 관점에서 표현되는 피부를 이해하고 테라피의 순서 및 방법을 결정해야 합니다.

이탈리아 마리니 씨와 첫 만남의 기억은 지금도 생생합니다. 인체를 통합하는 홀리즘 에스테틱을 위해서는 진정한 홀리즘테라피를 구현할 수 있는 살롱(홀리즘센터)과 실력을 갖춘 에스테티션의 양성(아카데미) 및 그에 맞는 솔루션을 제공할 수 있는 제품력의 중요성을 강조하였습니다. 저는 그의 철학에 깊이 공감하며, 아무리 깊은 이론의 바탕이 있어도 고객의 피부에 맞게 적정하게 대응할수 있는 솔루션이 없다면 성공적인 에스테티션으로서 또는 샵오너로서 살롱을 성공적으로 만들 수 없다고 생각합니다. 인스타나 유튜브 등으로 읽고 생각하는 시간보다는 즉각적인 시선을 사로잡아 알고리즘에 이끌려 나의 생각과 행동이 어디론가 끌려가고 있는 이 시대에 근본적인 원인을 찾아 솔루션을 제공한다는 것이 고리타분한 이야기로 들릴 수도 있을 것입니다. 하지만 세상이 변했다 해서 인간의 건강과 아름다움의 기본 시스템이 변하지는 않습니다. 결국 실체의 몸과 마음이 건강해야 진정한 아름다움을 표현할 수 있습니다. 가장 쉬운 것이 가장 어렵듯이 기본으로 충실하는 시각의 전환, 테라피의 접근을 하는 방법을 전달하고자 이 책의 발간에 용기를 내었습니다.

이 책은 "피부 본연의 기능을 회복시켜 주는 환경을 만들어 준다"는 브레라인의 철학을 바탕으로 정신, 육체의 스트레스와 감정의 변화가 우리 몸에 어떤 변화를 줄 수 있는지를 이야기하며, 피부생리학, 병리학, 심신의학적 개념을 바탕으로 피부 표현을 분석하고 5,000년 역사의 자연요법 아유르베다 의학과 3,000년 중의학의 내츄럴 약초허브 활성 성분을 브레라인 연구진의 탄탄한 기술력으로 탄생되었습니다. 일반적으로 이해하고 있는 아로마요법이 아닌 약초오일을 피부에 도포하여 피부순환을 회복시켜 체질을 통합적으로 관리하는 홀리즘 에스테틱은 이로써 실현됩니다.

브레라인코리아에서는 이렇게 훌륭한 홀리즘 에스테틱 테라피의 결과를 극대화 하기 위하여 브레라인 제품과 콜라보레이션을 통해 이론과 실기가 다채로운 최적의 테라피 프로그램을 개발하였습니다. 매주 진행하는 정기세미나를 통해 피부생리학적 이론과 홀리즘적 건강진단법을 바탕을 전파하고 있으며, 국내외 많은 원장님들의 관심과 사랑을 받고 있습니다.

이 책은 40년 전통의 이태리 브레라인 본사와 국내에서 20년간 임상 검증을 통해 입증된 교육자료를 바탕으로 준비하였습니다. 국내에서 20년 이상 진행해 온 짜임새 있는 교육자료를 바탕으로 만들어졌습니다. 마지막으로, 이 책을 위해 함께 아이디어를 모으고 소중한 시간을 할애해 주신 브레라인가족 여러분께 감사의 마음을 전합니다.

목차

Chapter 04 4D 리페어테라피

Chapter 05 바른호흡테라피

Chapter 08 슬림포르테

Chapter 01

홀리즘 에스테틱

1 홀리즘 에스테틱에 대한 개념과 의미 정리

홀리즘 에스테틱의 개념을 이해하기 위해 각 용어의 정의와 의미를 정리한다.

1) 홀리즘의 의미

홀리즘의 사전적 의미는 총체의, 전체의, 전체론적(全體論的)이다. 기능하고 있는 전체로서의 사람을 인정하는 또는 기능하고 있는 전체로서의 사람의 개념과 관련한 것으로 전반적인 사람 또는 현상에 대한 이해와 치료를 지향하는 것을 말하다. 이러한 관점에서 개인은 분리된 부분들의 총합 이상으로 간주되며, 문제들은 특수한 증상으로서보다는 전반적인 맥락에서 파악된다는 의미를 가진다. 전체론적 연구의 철학을 지지하는 사람은 개인에 대한 사회적, 문화적, 심리학적 및 물리적인 모든 영향을 통합하려고 한다. 예를 들어 홀리즘이 다이어트에 적용되었을 때는 전체론적이라는 용어는 음식, 식사 또는 생활 방식에 대한 직관적인 접근 방식을 의미한다.

2) 에스테티크(esthétique) 어원 및 사전적 의미

에스테티크의 원 뜻은 「심미적인 · 심미안이 있는」 또는 「미학 · 심미」라는 뜻이다. 현재는 과학적인 이론을 근거로 해서 전신에 작용하기 시작한 「전신미용 = 토털 뷰티」라고 하는 의미로 사용되고 있다. 과학적인 이론을 바탕으로 온몸을 아름답게 하는 미용법이다. 따라서 메이크업, 매니큐어, 페디큐어, 페이셜 트리트먼트, 보디 트리트먼트,

탈모, 두피 관리 등이 포함된다. 이러한 미용을 하는 장소를 에스테티크 살롱, 에스테틱샵이라 하고, 이런 활동을 직업으로 하는 전문인력을 에스테티션이라고 한다.

3) 피부미용

피부미용(美容, beauty)이란 얼굴 및 전신 피부를 물리적인 방법과 화학적인 방법을 이용하여 피부의 생리적 기능을 높이고 신진대사를 활발하게 하여 영양을 공급함으로써 피부를 아름답게 유지시키고 보호 및 개선하여 관리하는 것을 말한다. 피부미용의 목적은 피부의 생리 기능을 회복시켜 건강하고 탄력 있는 피부로 유지시키고, 피부 고유의 특성과 성질을 찾도록 도와주어 정상 피부로의 개선 및 건강한 피부의 유지에 있다. 외적인 측면으로는 화장품과 매뉴얼 테크닉 등을 이용하여 보호·유지 및 개선시키는 것이며, 내적인 측면으로는 고객의 생활 습관, 식습관, 피부관리 습관 등의 건강한 라이프 스타일에 이르도록 유도하는 것이다. 또한, 정서적인 측면으로는 에스테틱 관리를 받음으로 인해 심리적 안정감 및 스트레스를 완화시키는 것에 그 목적이 있다.

참고 피부

피부는 무게를 기준으로 몸에서 가장 큰 기관이며 각질화된 바깥쪽 표피와 혈관이 풍부하게 발단된 내부 결합조직인 진피, 그리고 가장 안쪽의 피하조직의 3층으로 되어 있으며, 피부와 연관된 여러 부속기구(털, 손발톱, 감각수용기, 분비샘)와 함께 피부계(integumentary system)를 이룬다. 피부는 몸 안의 여러 기관의 주요한 기능 수행을 위해 몸의 안과 밖의 경계를 이룬다.
또한 동물의 체표를 덮고 있는 피막으로서 물리적·화학적으로 외계로부터 신체를 보호하는 동시에 전신의 대사에 필요한 생화학적 기능을 영위하는 생명유지에 불가결한 기관이기도 한다.
옛 고서『동의보감』에서는 간, 담에 이어 피부를 다루는데, 신체를 이야기할 때 방어의 최일선을 피부라 하며, 몸을 볼 때, 몸의 겉으로부터 안으로 점점 깊은 곳에 위치하는 부위를 다루어, 피부에 이어서 살, 맥, 힘줄, 뼈를 다룬다. 즉, 진단시 피부의 생리적 기능을 서술한 후, 피부에 나타나는 각종 질병을 보는네, 이때 피부를 통해, 살, 맥, 힘줄, 뼈 등 겉에서 안의 기관들의 문제를 파악한다.

4) 홀리스틱 관점에서의 에스테틱

홀리스틱 관점을 에스테틱, 피부미용에 적용될 수밖에 없는 이유가 이미 사전적 의미에 모두 포함되어 있듯이, 피부관리란 피부만의 청결, 보습, 보호를 위한 용도로 피부만을 케어하는 것을 뛰어넘어 피부에 표현되는 각종 증상 등을 이해하고 오일을 통한 피부대사의 생리 기능을 회복하고 감각기관의 자극을 통해 심리적, 정신적, 안정감을 제공한다. 그러므로 우리 몸을 구성하는 전반적인 최소한의 구조적, 생리학적, 심리적 부분을 이해하고 피부가 표현하고 드러내는 증상 등을 유기적으로 연결하여 총체적으로 이해하고 관찰하는 안목을 기르는 것이 최우선 되어야 한다.

2 아유르베다

1) 아유르베다의 기원

아유르베다는 인도의 자연 힐링 시스템(natural healing system)으로 기원이 정확치 않아 5,000~3,000년 전이라 문헌마다 조금씩 다르다.

어원학상으로 산스크리트어로 아유르베다(Ayurveda)는 아유(AYU)와 베다(VEDA)의 합성어이다. 아유(AYU) 의미는 라이프(life), 베다는 지식(knowledge), 과학(science). 쉽게 풀자면, 삶에 대한 지식, 과학 또는 잘 사는 방법을 말한다. 아유르베다는 인류역사상 가장 오래된 고대 의학으로 일반적으로 이해하는 신체적 의미만 나타내지는 않는다. 이것은 신체, 정신, 감각 기관의 조합으로 삶의 특정한 의미를 포함한다. 그래서, 우리에게 소박한 지칭의 아유르베다는 사실 매우 포괄적인 의미로 전달되어짐을 알 수 있다.

아유르베다는 건강과 질병에 대한 지식을 체계화하고 적용하는 방법과 균형을 잃은 상태를 어떻게 교정하고 균형을 유지할 것인가에 대한 의학 학문이다. 더 넓은 의미에서는 육체적, 정신적, 심리적의 모든 측면을 포용한다.

아유르베다는 몸과 마음이 유기적인 상호관계를 조화롭게 해 주는 것이다.

2) 아유르베다의 특징(Unique features of Ayurveda)

① 질병의 원인 치료

② 안전한 약초요법

③ 예방의학

④ 자연요법 테라피

⑤ 간단한 진단 방법

⑥ 모든 사람에게 적용 가능한 테라피

⑦ 심신의 질병 테라피

3) 아유르베다 처방 시 체크 사항

Ayurveda _ Means the relationship between the body and mind.

아유르베다는 몸과 마음의 관계를 이야기한다. 즉, 정신과 심리적인 상태가 육체의 발란스에 영향을 끼치고 이에 따른 간단한 질병에 관한 수많은 약초들이 있고, 환자의 몸의 구조와 질병에 따르는 것을 정확하게 선택해야만 한다. 적절한 처방과 트리트먼트를 위해서는 아래와 같이 사전 체크가 필요하다. 이 부분의 일부를 에스테틱 관리에서 적용해서 홀리즘 에스테틱을 실현해 보자.

① 질병의 원인

② 질병으로부터 영향을 받는 환경

③ 몸의 면역력

④ 계절 - 질병의 원인이나 질병이 심화되는 계절 (계절도 도샤의 영향을 받는다)

⑤ 소화력 또는 아그니 - 소화력은 개인의 재생력과 밀접한 연관이 있어 매우 중요하다.

⑥ 몸의 체질

⑦ 나이

⑧ 정신력

⑨ 알레르기 반응 요인

⑩ 섭취물

→ 최적의 테라피를 위해 올바른 사전 진단이 매우 중요하다.

4) 아유르베다 의학의 역사

아유르베다의 의학적 기원은 5,000년 전으로 거슬러 올라간다. 이 의학서의 뿌리는 '베다'라는 가장 오래된 문학서에 수록됨으로써 의학서의 존재를 알게 되었다. 이 원서는 세월이 지나면서 소멸되고 현존하는 경전들은 약초의 분별, 제조법과 사용방법, 몸을 정화시키는 방법과 건강을 회복하는 치료법 등을 소개하고 있다.

수세기를 걸치면서 아유르베다는 연구가치가 풍부한 주목받는 대상이 되었고 지속적인 발전을 이루어 왔다. 현재까지 전해오는 고대 의학서적은 기원전 5세기와 기원전 2세기경의 의학자 슈슈루타 차라카가 집필한 것으로 종합적으로 총체적인 의학 서적이라고 할 수 있다. 당시 인도 사회에 있었던 정치적 변화는 아유르베다의 발전을 저해하는 계기가 되었는데 이때 불교의 융성기가 막을 내리고 아랍의 이슬람 문화가 인도에 들어가게 되면서 이슬람 문화는 인도의 창조적인 문화를 약화시키게 된다. 18세기에 들어와서야 아유르베다는 세계 각지에서 다시 꽃을 피우게 되었으며 당시 비교적 많은 병원과 이를 연구하는 대학이 세워졌고, 이 기관들을 통해 많은 연구와 기술의 발전이 이루어졌다. 지금에는 고대의 귀중한 지식에 현대의 과학적 방법을 통합의학으로 병행하여 발전하고 있다. 이렇게 오랜 세월에 걸쳐 이 의학이 살아남은 까닭은 아유르베다의 기본 철학에 기본을 두고 있었기 때문이다. 인간의 생명력은 시간에 따라 끊임없이 변화하는데 아유르베다의 접근 방법은 그 변화에 따라 계속적인 균형을 잡아 주고자 하는 데에 있다.

5) 아유르베다의 기본 이론

아유르베다 의학은 인간을 해부학적 관상학적으로 또 병리학적으로 해석하는 데 그 특징이 있다. 크게는 8개로 구분되어 있는데 소아과, 부인과, 출산과, 안과, 노인과, 이비인후과, 일반과 수술과로 나눠져 있다. 각기 증상마다 5가지 이론에 의한 치료법을 사용하는데 그 내용은 다음과 같다.

① 5개 이론: 공간 - 공기 - 불 - 물 - 땅

② 트리도샤 이론 (3개의 기질): 바타 - 피타 - 카파

③ 7개의 다투 이론

④ 3개의 말라 이론

⑤ 생명의 3대 요소 이론: 육체 - 정신 - 마음

⑥ 소우주, 대우주 이론

위의 이론을 간단히 설명하자면, 인간을 소우주라 보고 인간을 둘러싼 천지를 대우주라고 보면 이 두 가지 사이에는 눈에 보이지 않는 아주 밀접한 관계가 존재한다는 견해가 있다(소우주, 대우주 이론). 즉, 인간은 태어날 때 트리도샤라는 3가지 기질을 받고 태어나는데 이 기질이라는 것은 사람 몸에 존재하는 5가지 성질인 영원성 (에테르) 공간 - 공기 - 불 - 물 - 흙과 관계하며 이 5가지 중 어느 것이 많고 적으냐에 따라 개인의 트리도샤가 결정된다는 이론이다. (트리도샤 이론, 5개 이론)

인간의 몸에 있는 트리도샤는 경우에 따라 5가지 성질의 그 비율이 많고 적을 수가 있는데 이 비율에 따라 그 사람의 기본적 신체구조, 건강 상태들이 결정되며 이것의 균형을 계속적으로 유지시켜 주어야만 인생 내내 건강을 유지할 수 있다는 이론이다. 이 트리도샤의 비율은 인생주기에 따라 계속 변화하며 그 사람이 하고 있는 육체적 노동이나 심리상태, 더 나아가 어떤 음식을 먹느냐, 어떤 일을 하는가, 어떻게 잠자는가, 어떻게 행위를 하는가에 따라 영향을 받는다. 이 균형이 깨지면 인간의 몸에는 문제가 오기 시작하며 오랫동안 이 균형이 깨졌을 때에는 병리학의 증상으로 나타난다. 균형을 잡아주는 것이야말로 건강과 좋은 상태를 유지하는 것이며, 개인 제각각 인생을 살아가면서 숙제처럼 노력해야 하는 것이 균형 잡기이다.

인간의 몸은 태어나는 순간에는 완벽한 상태의 건강을 받고 태어난다. 더 나아가 인간의 몸은 기본 균형을 이룰 수 있는 능력을 받고 탄생하고, 또 어떤 외부의 도움으로

인해 원래부터 가졌던 균형 잡힌 상태로 돌아갈 가능성을 가지고 태어난다. 균형을 깨뜨리는 가장 큰 요소는 육체적, 심리적 긴장이 원인이 되는데 이는 아유르베다 테라피를 통해 이것을 없애거나 줄어줄 수 있다. 이를 반복하게 되면 점차적으로 육체적, 심리적 균형을 잡아 갈 수 있다. 아유르베다 오일 테라피 기능이나 치료효과는 나이를 막론하고 균형을 잡는 것이라 할 수 있다. 아유르베다 테라피는 우선적으로 육체적 긴장을 없애거나 완화시키며 몸을 유연하게 해서 동작을 부드럽게 하도록 도와주며 안정감과 편안한 기분을 주므로 긴장을 완화시켜 준다.

표 1-1 트리도샤의 형성과정

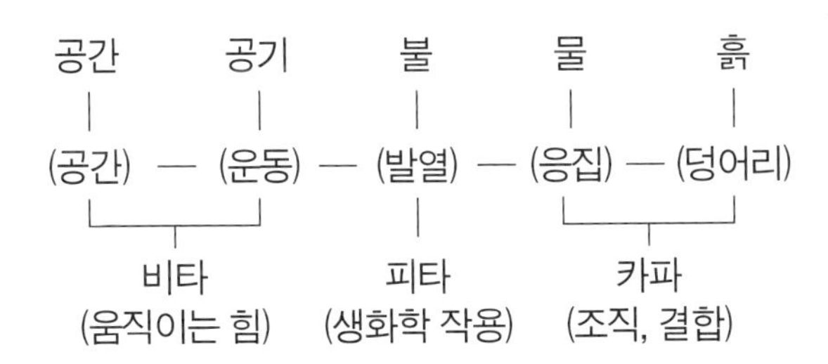

6) 아유르베다 기본 철학

오랜 세월을 거쳐 오면서 아유르베다는 그 치료대상을 사람들의 사회생활 변화에 따라 수없이 바뀌었다. 그 이유는 예전에 없었던 환경오염, 나쁜 식습관, 음주 습관과 같이 세월의 변화에 따라 인간의 의식주, 사회환경 등이 달라지게 되는데 여기에 맞춰 문제의 원인이 달라지기 때문이다. 아울러 치료균형을 맞출 대상도 달라지게 된다. 이것이 아유르베다의 기본 철학이다.

(1) 아유르베다의 기본 철학

"인간의 삶의 변화에 따라 치료방법을 바꾸어야 한다"

생명을 연구한다는 원칙하에 아유르베다 의사들은 어떤 새로운 병이 나타났을 때 병을 총체적으로 관찰하는 과학적 접근법을 통해 환자의 병명과 상태에 맞는 예방법, 치료방법을 내놓곤 하였다. 예방법과 치료에 둘 다 알맞은 방법으로 오일 판별식의 방법을 내놓았는데 이는 인간을 3가지 육체 - 정신 - 마음의 조합으로 보는 견해에서 출발한다. 이 3가지 요소는 서로 자극 및 억제하는 상호작용을 한다. 다시 말해서 전기에 양극과 음극이 있는 것과 같다. 이 3가지 요소는 자극이나 억제를 통해서 직접 받은 요소만 변화하는 것이 아니고 3가지 요소가 다 함께 서로의 미세한 변화에 반응하게 된다. 문제가 있을 때 아유르베다에서는 오일요법을 적용하는데 이 오일 요법에서는 이 3가지 요소의 상호균형을 함께 다루고 있다. 아유르베다에서 이용하는 있는 토닉요법은 추출물이 순수하게 천연이어야 하며 인간의 건강을 다루는 문제인 만큼 올바른 사용방법을 써야 한다. 자연추출물을 쓰거나 균형 잡힌 식사를 하거나 산소를 원활하게 공급해 주거나 몸을 전환시키거나 요가를 한다거나 평소에 약초로 병을 치료하는 것들이 개인의 건강을 유지하는 데 결정적인 역할을 한다. 아유르베다 의학은 병의 예방임을 잊지 말아야 한다. 아유르베다는 일관성과 논리만으로는 설명할 수 없으며 또한 어떤 한 가지로만 적용할 수 없다. 아유르베다는 인간의 생명 자체가 끊임없이 변화하는 역동성 상태나 우주 자체라고 해석하고 접근하고 있다. 따라서, 아유르베다의 궁극적인 목적은 불화합과 불균형, 또는 악화를 극복하는 것이다.

(2) 아유르베다적 호흡의 의미

아유르베다는 원래 질병이나 노화를 예방하는 데 그 주요한 목적이 있다. 동시에 단순하게 의학적인 지식에만 그치지 않고 인간의 몸과 정신이 함께 건강을 유지하면서 고도의 정신성과 행복감을 오래 유지할 수 있는 이상적인 상태로 안내견 역할을 하고 있다. 이유르베다 의학에서는 환자를 건강이 좋은 상태에서도 치료하는데 이는 환자의 식사습관을 조절하고 육체적, 심리적 상태에도 책임을 지며 눈에 보이지 않는 치료까지 관장하고 있다.

(3) 아유르베다적 삶 영위법

삶을 영위하는 것은 일종의 예술이다. 예술이란, 표현을 쓰는 이유는 다음과 같다. 개인 각자는 저마다 혈기 왕성한 타입, 그렇지 못한 타입 등 신체적 특성부터 심리적 기질이 다르다. 또한 제각기 가지고 태어난 성격이나 육체가 시간이 지남에 따라 무수히 다양한 상태의 사람들이 되어 가는데 이 모든 이들의 완벽한 건강을 유지하거나 건강을 되찾기 위해 노력해야 한다는 데 비유하기 위함이다. 앞서 말했듯이 테라피 고객을 대할 때 그 고객을 세심하게 이해하고 관찰하며 무엇이 잘못되었고 무엇이 잘되었는가를 파악하는 것을 홀리즘 에스테틱 전문가에게는 매우 중요한 부분이다. 테라피를 진행하는 동안 고객으로부터 더욱 많은 정보를 얻어 낼 수 있다. 오일 테라피는 일종의 대화의 도구로 사용될 수 있다. 오일 테라피를 하는 동안 고객은 안정되고 편안한 상태에서 이야기하게 되며 이때 테라피스트는 고객의 심리나 신체적 특성을 파악하게 되고 더 나아가 고객과 독특한 교감을 이룰 수 있다.

3 우주의 5원소

1) 우주의 5원소 의미

아유르베다에서는 우리를 둘러싸고 있는 모든 것, 보는 것, 만지는 것을 소유주라고 하며 판차마하부타(5가지 요소)로 이루어져 있다고 본다.

오행원리는 아주 고대로 거슬러 올라가는 개념으로 고대의 스승들은 수천 년 전에 아유르베다의 개념을 구술로 가르쳤다. 묵상을 통해 이 스승들은 보이는 것에서 보이지 않는 것을 포함한 우주를 형성하는 요소들에 대한 개념을 정립했는데 원초적인 상태에서 아무것도 있지 않는 것을 마음이라 하며 여기에서 처음 보이기 시작하는 요소를 하늘, 즉, 첫 번째 요소인 공간이라고 했고, 하늘이 움직이며 생성해 낸 것이 두 번째 요소인 공기이다. 공기가 마찰을 통해 일으키는 것이 세 번째 요소인 불이다. 불이 열을 발생시켜 불안정 상태의 요소로 흐르는 네 번째 요소인 물이 생성되고 물이 식어 굳어서 얻어진 것이 마지막 다섯 번째 요소인 땅이 생기는 것이다.

이 5가지 요소가 서로 복합해서 얻어지는 것은 식물에서 인간, 단일세포에서 먹는 음식에 이르기까지 모든 몸체를 말한다. 물을 예를 들면, 고형 상태에 있을 때는 언(땅), 더워지는 과정에 불이 되고 차가워져서 수증기(물)가 되어 공중(하늘)으로 사라지게 된다.

판차마하부타 5가지 요소는 수태에서 탄생, 음식의 섭취에 의해 우리 몸을 형성하며 우리 몸 내부의 특성을 부여하며 5가지 요소의 배합률이 끊임없이 변하며 개인마다 삶의 생리학적, 심리학적, 사회적 스타일을 결정하게 해 준다.

2) 우주의 5원소 구성

> **참고 단어의 의미**
>
> Pancha(판차): five(5개)
> Mahabhuta(마하부타): elements of the universe(우주의 원소들)

① Aakash 아카쉬: 하늘, 공간

② Vayu 바유: 공기, 바람

③ Agni 아그니: 불

④ Jala 자라: 물

⑤ Prithvi 프리티비: 흙, 땅

3) 우주의 5원소 특징

① Aakash(아카쉬): 에테르라고도 하며 하늘의 요소인 빈 공간의 특징은 예민, 민감, 소프트, 스무스, 가벼움과 투명성이다. 몸 속의 모든 공간의 표현이라 할 수 있다. 콧구멍, 혈관, 방광, 기도, 흉강, 구강 등은 이 요소에 의해 통제를 받는다.

② Vayu(바유): 공기는 공간 안에서 움직임을 일으키며 가벼움, 차가움, 거칠음, 건조함, 불안정성이 특징이다. 몸 안에서 심장 박동, 근육 운동에 해당하며 호흡에 의해 허파가 움직이고 신경을 전달하고 소통한다. 신경전달에 의해 외부자극을 받아 반응하며 감각과 운동의 움직임을 제어하고 중추신경 등을 통제한다.

③ Agni(아그니): 불은 빛을 내며 뜨겁다. 예리하고 역동적이고 격렬하다. 빛과 열의 근간이 되고 몸 안에서 열은 소화흡수를 돕고 요소를 분해하며 흡수를 조절한다. 소화액과 호르몬 분비 및 세포재생 등 전 소화과정을 통제하며, 눈의 망막세포를 자극시켜 사물을 보는 것도 함께 컨트롤한다.

④ Jala(잘라): 물은 끈적이고 비역동적이며 습하고 차고 진하며 무겁다. 몸 안의 모든 액, 침의 분비, 소화액, 혈액 세포질 등은 이 요소에 의해 통제되고 만들어진다.

⑤ Prithvi(프리티비): 땅의 요소는 성질은 크고 웅대하며 매우 무겁고 단단하다. 안정된 특징을 가지고 있으며 몸의 단단한 부위, 뼈, 인대, 근육, 손톱, 발톱 피부, 머리털 등 몸의 골격과 크기, 몸무게를 통제한다.

그림 1-1 아유르베다의 5원소

4 트리도샤

1) 트리도샤의 의미와 특징

아유르베다에서 트리도샤를 몸의 기본으로 보고 이 3가지는 인간의 모든 육체, 심리를 통제한다. 이 트리도샤는 대우주 안에 자라는 모든 소우주 즉, 인간, 식물 등 생명체 안에 있는 5개 요소의 표현으로 모든 생리적 기능, 면역성, 조직의 창조와 파괴, 몸 안에 들어오는 음식물의 소화와 독소제거를 통제하며, 체형과 피부색을 조절한다. 트리도샤가 균형을 이루고 있을 때 물리적으로 활발히 인간의 건강에 참여하며 이것이 너무 부족하거나 과할 때에는 신체적, 심리적 불균형 상태를 야기시킨다. 이 균형 상태는 개인의 식습관, 주거환경, 직업, 행복 등 감정 상태에 따라 끊임없이 변화하며 개인의 심신에 영향을 끼친다. 잘못된 생활습관을 올바르게 하고 균형 있는 상태로 회복시켜 주는 것이 아유르베다의 기본이다.

① 바타(Vata)

공간과 공기의 결합으로 모든 움직임의 근원이며 생체에너지를 통제하는 에너지이다. 대장, 다리, 귀, 뼈, 피부 등이 바타가 위치하는 장소이며 공간의 요소와 만나서 심장박동, 확장과 축소, 정신, 감정, 두려움, 걱정, 경련, 떨림, 활동성은 바타의 표현이다. 산화 에너지이기도 한 바타의 에너지가 많아지면 피부는 거칠고 건조하고 다크스팟 등 노화피부와 유사한 증상이 표현된다.

② 피타(Pitta)

체온과 같은 신진대사 에너지로 배꼽, 위, 땀샘, 혈액, 눈 등이 피타가 위치한 장소이며 음식섭취, 소화, 흡수 등 신진대사와 인체내부의 체온에 관여하는 생화학작용에 밀접한 관계에 있다. 판단력, 정열, 분노, 배고픔, 이해, 감지력이 피타의 통제를 받는 감정이다. 피타도샤의 악화는 붉거나 노르스름한 피부색 표현과 여드름 염증 등의 증상이 발현된다.

③ 카파(Kapha)

조직의 형성과 기관을 구성라는 요소로 가슴, 목, 머리, 관절, 코, 지방, 분비샘이 카파가 위치하는 장소로 카파는 몸의 기본적인 체액을 만들며, 조직의 응집력, 습기, 윤활성 조직의 강도를 조정해 준다. 상처를 아물게 하며 몸 안의 빈 공간을 채워 주며 활력과 정착성, 기억력, 심장과 폐에 힘을 주어 면역성을 키워 준다. 정신과 감정에서 나타나는 표현은 강박관념, 애정, 침착, 신중, 용서, 사랑에 집착하는 성향이 있다. 카파가 너무 강해지면 몸은 무겁고 비만, 부종, 우울 등 성인병의 증상이 표현된다.

아유르베다에서 이야기하는 건강은 트리도샤 간의 균형에 있다. 공기는 불을 일으키고 물은 이것을 억제한다. 트리도샤 중 무엇보다 중요한 것은 바타이며 피타와 카파는 바타의 도움으로 움직일 수 있다. 이 3가지 요소가 있으므로 체질이 형성된다. 이것은 임신 - 수정 당시부터 결정되어 간직하게 되며 심신의 균형은 도샤의 변형에 따라 바뀌거나 나빠질 수 있다. 카파는 세포의 긴 수명유지를 통제하고 피타는 소화와 흡수, 바타는 모든 수명활동의 기능을 통제하며 프라나(생명 에너지)와 긴밀한 관계를 유지한다.

그림 1-2 트리도샤의 종류(구성)

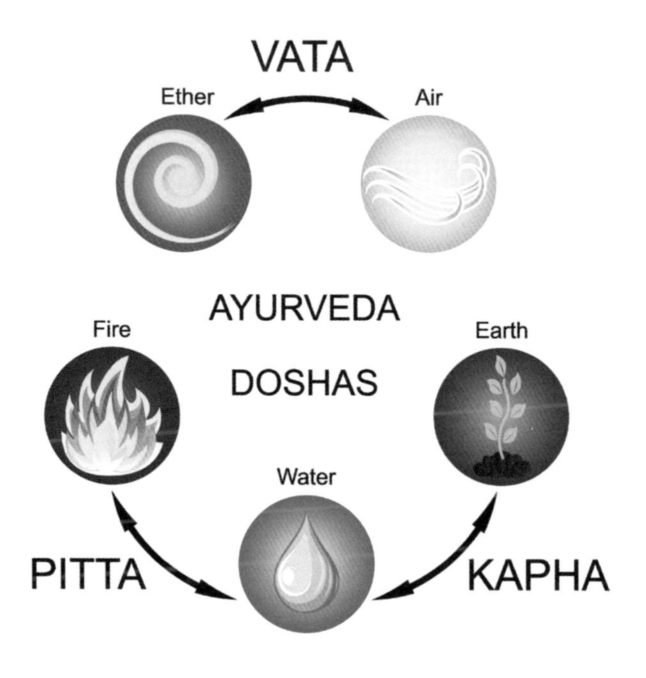

표 1-2 트리도샤별 특징과 기능

구분	트리도샤의 특징	기능
바타	건조, 가볍다, 차다, 거칠다, 민감 불안정, 움직임	움직임
피타	각진, 미끄럽다, 점액, 뜨겁다, 가볍다, 민감	변화
카파	점액, 차다, 무겁다, 느리다, 두껍다 밀집, 안정 고정	안정, 성장

이렇듯 트리도샤는 인체에만 존재하는 것이 아니라 대우주의 세계에도 존재한다. 탄생해서 노화에 이르는 인생의 주기, 즉, 차오르는 달이 지고, 태양이 뜨고 지고, 낮의 주기와 밤의 주기뿐 아니라 계절의 주기를 통해서 도샤의 변화는 끊임없이 움직이고 영향을 주고 받는다. 그리고, 다양한 맛과도 연결되어 있는 트리도샤에 관한 지식은 건강과 질병을 예방하기 위해 매우 중요하다.

2) 도샤의 불균형 신호

도샤는 균형이 맞을 때는 모든 성장과 변화, 적극적인 활동 및 쉼과 재생, 회복, 재충전으로 사이클을 형성해 가지만 특정 도샤의 환경이나 자극에 과하게 노출되거나 부족해지면 질병이나 통증 등의 문제가 발생된다.

아유르베다는 트리도샤를 벗어나서는 이야기 할 수 없고 대우주 속의 소우주의 인간은 환경의 변화 (계절, 음식, 인간관계, 심리적 상태 등)에 귀를 기울이며 끊임없이 균형을 맞추기 위해 모든 환경과 섭생을 함께 봐야 한다. 모든 결과는 원인이 있고 그 원인이 무엇인지를 찾아 근본 문제를 해결해야 우리 몸은 스스로를 회복시키면서 재생하고 유지할 수 있다.

그림 1-3 도샤의 un - balance

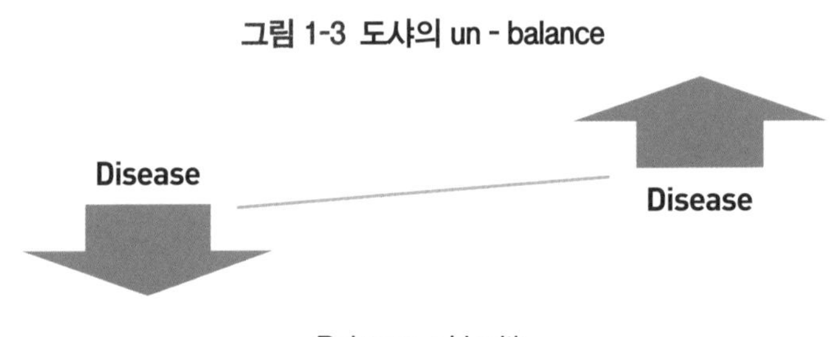

Balance = Health
부족한 것은 채우고 과한 것은 제거하라

5 아유르베다 오일에 따른 피부관리 방법

1) 아유르베다 오일 테라피의 의미

지금까지 언급한 내용의 기본개념을 정리해 보자. 지금부터 우리 몸에서 균형점이 어디이고 어떤 기능을 수행하는가를 기억하고 실습을 통해 배울 것이다. 건강을 유지하기 위해서는 남을 이해하기 전에 우선적으로 알아야 할 것이 자기 자신이 어떤 사람인가 하는 자기판단이 필요하다. 즉, 나는 누구인가, 나는 어떤 사람인가, 지금 어디를 향해 가고 있는가? 하는 물음을 스스로에게 던져 보는 것이다. 남의 균형을 잡아 주기 위해서는 나 자신의 내부 균형이 이상적인 상태여야 하기 때문에 자기 진단은 사실 힘든 일이지만 이것이 매우 중요하다. 이런 자기 진단을 통해 자신의 실제 능력이 어느 정도 되는지도 판가름할 수 있다. 아유르베다의 여러가지 배움을 통해 우리는 우리 스스로의 균형을 자연스럽게 잡아 나가는 데 큰 도움을 받을 수 있다. 우리 몸에 올바른 에너지의 균형을 잡아 주게 되면 병은 물론이고 심신의 노화과정도 현저하게 줄일 수가 있게 된다. 마지막으로 개인 스스로가 자기 관리를 할 수 있는 능력이 아유르베다의 가장 중요한 기본 철학임을 다시 한번 강조하고자 한다.

2) 아유르베다 오일 테라피 준비사항

(1) 테라피스트

아유르베다 오일 테라피를 시행하고 있는 동안 테라피스트와 고객 사이에는 신체적 접촉을 통해서 정서적 교감의 깊은 관계가 성립되는데 이때 이 두 사람 신체사이에는 에너지 흐름이 생기게 된다. 테라피를 실행할 때 테라피스트의 정서적 상태는 무척 중요한 요소가 된다. 만족스러운 테라피 효과를 얻게 위해서는 무엇보다도 테라피스트가 먼저 정서적으로 안정되어 있고 밝고 편안한 생태를 유지해야 한다. 이 감정이 고객에게 고스란히 전해진다는 사실을 명심해야 한다. 이상적인 상태에서 마사지를 실행하면 손을 통해 좋은 프라나가 생명 에너지가 전해지고 테라피 받는 사람은 편안함과 안정감을 느끼게 되어 잠을 드는 경우가 있다. 더 나아가 테라피스트는 니르바나, 프라나 등의 추출물을 이용한 오일을 사용할 수 있다.

(2) 환경

홀리즘 에스테틱 전문가는 테라피 진행시 주변환경을 따뜻하게 하며 공기순환이 좋아야 하고 동작에 방해가 되는 물건은 치우는 것이 좋다. 시술대 주변은 방해물이 없고 테라피스트가 다이나믹한 동작을 하거나 손동작에 힘을 가하는 데 아무런 거슬림이 없도록 넓은 것이 좋다. 느린 리듬으로 하되, 동작은 유연하고 부드럽게 하여 장시간 시술을 하여도 피곤하지 않아야 하며 테라피스트 스스로가 즐거움을 느껴야 한다. 마지막으로 조명의 효과를 최대한 이용해 분위기를 돋우거나 편안하게 은은한 음악을 틀어 환경을 더욱 쾌적하게 할 수 있다.

(3) 고객

가장 중요한 요소 중에 한 가지가 고객이다. 고객을 침대에 편안한 자세로 눕게 하고 테라피스트는 어떤 테크닉으로 테라피를 진행할 것인지를 설명할 필요가 있으며 진행하는 테라피 프로그램을 상세하게 설명해 주어 고객이 호흡이나 긴장을 풀어야 하는 부분에 있어서 적극적으로 테라피에 참여할 수 있다.

(4) 테크닉

테라피의 주요기능은 심신의 균형을 잡아 주는 역할이므로 균형점에 단계적으로 이르게 하기 위해 기본적으로 세 가지 테크닉을 사용한다.

① 호흡법

호흡은 인간의 생명에 원천이 되는 에센스라고 할 수 있는데 호흡이 중요한 이유는 이 동작이 인간의 감정의 기복과 관련이 있기 때문이다. 호흡을 바르게 익히면 심신이 편안하며 산소 공급이 원활해져서 몸 안의 해독작용을 돕게 된다.

② 관절 및 근육이완법

나이가 들어감에 따라 우리의 몸은 굳어져 동작이 둔해지게 되는데 이것이 약화되면 치명적이고 심각한 병이 될 수 있다. 근육과 관절을 부드럽게 해 주면 치명적인 거동장애를 사전에 예방할 수 있으며 건강하고 좋은 상태를 유지할 수 있다.

③ 손 테크닉

깊으면서도 천천히 둥근 원을 그리면서 하는 아유르베다 테크닉은 릴랙스를 느끼게 하는데 최대의 효과가 있으며 일반적인 정화작용, 혈액 순환, 림프 에너지 순환과 균형에도 효과가 있다. 몸의 바깥으로 보내는 손동작은 기, 프라나의 흐름을 원활하게 해줌으로써 심신의 건강함을 되찾는 데 좋다.

④ 오일 도포

테크닉 도중 동작이 끊어지는 것을 방지하기 위해 손동작에 들어가기 전에 고객의 전신에 오일을 바른다. 오일을 몸에 골고루 바르는 행위 자체가 일종의 테라피라는 점을 반드시 인지해야 한다. 오일 도포 동작은 유연하고 부드러워야 하며 둥글게 가볍게 그리면서 진행한다.

테라피를 하는 동안 테라피스트와 고객 사이에는 밀접한 관계가 유지되며 서로의 에너지가 소통하는 중요한 시간이므로 되도록 동작이 끊기지 않도록 유념한다.

⑤ 고려 사항

인간 모두에게는 천성적으로 사랑과 부드러움을 갈구하는 본능이 있다. 엄마가 다정한 손길로 토닥거려 주면 어린아이가 편안함 속에 잠이 드는 것을 보면 아마도 엄마의 손길을 통해 사랑의 감정이 전달되며, 이때는 불쾌한 감정도 수그러지게 된다. 사랑은 순수한 에너지로서 우리를 둘러싼 모든 긍정적인 원천이 된다. 바람이 불고 태양으로 달궈지고 물에 젖고 땅에서 영양을 받는 것은 자연도 마사지를 받는 것이며, 테라피는 사랑의 수혜물이다. 마사지를 시행하는 사람이나 받는 사람이나 신체적, 정신적 수혜를 받는다고 할 수 있다. 아유르베다 마사지는 잃어버렸던 고유의 균형을 되찾기를 원하는 사람이나 그냥 좋은 건강상태를 유지하고 싶은 사람 모두에게 권할 수 있는 훌륭한 에스테틱 테라피이다.

⑥ 뷰티목적 테라피

스트레스, 긴장, 부기를 제거하고 림프액의 순환을 돕고 몸의 독소를 밖으로 빼내고 해독작용까지 하므로 셀룰라이트, 지방축적을 제거하기 위한 트리트먼트에서 준비과정으로 이용해도 부담이 없고 자연스런 방법이 될 수 있다. 그 밖에도 피부 깊숙이 침투해 영양을 주므로 출산 후 늘어난 복부 회복에도 좋다. 노화를 방지하며 피로를 제거하고 시력을 높이고 면역성을 강화시키고 신체가 튼튼해져 장수를 할 수 있다.

⑦ 치료목적 테라피 대상

- 화기
- 소화장애
- 재활
- 뼈의 조직이 약해지는 문제
- 관절염, 류마티스
- 운동선수
- 불면증, 고혈압, 마비

- 신경성 질환

⑧ 주의사항

아유르베다 오일 테라피를 시행할 때는 테라피스트와 고객 사이에 밀접한 에너지의 흐름이 발생한다. 결과적으로, 테라피 종료 시 테라피스트는 피곤함을 느끼게 되므로, 릴랙스하는 노하우가 생기면 훌륭한 테라피스트로 거듭 성장할 것이다.

홀리즘테라피 솔루션 제안

Chapter 02

프라나 테라피

1 프라나

1) 프라나의 정의와 중요성

프라나(Prana)는 산스크리트어로 생명에너지를 말한다. 생명력, 다시 말해 프라나는 모든 몸에 존재하고 신체 조직의 특성을 결정지으며, 그 조직이 기능을 잘할 수 있도록 관장하는 역할을 한다. 프라나가 부족하면 트리도샤의 균형이 무너지고 육체적, 심리적 긴장이 늘어나게 된다. 그러므로, 프라나 테라피는 사용하는 자연요법 치료의 근원이 되며 프라나와 트리도샤의 균형의 중요성이 재강조되고 있다. 생명력을 설명하자면 땅과 하늘 사이에는 프라나라는 기가 존재하는데 이 기는 인간의 몸을 관통하고 또 영양분을 주는 것과 같아, 우주를 이루고 있는 모든 요소들은 프라나에서 기를 받는다. 프라나는 단순히 에너지도 아니며 단순한 물질도 아니다. 차라리 살아 있는 모든 것들의 내부나 바깥에 흐르는 얇으면서도 계속해서 흐르는 어떤 에너지라고 표현할 수 있다. 만약, 이 에너지의 흐름이 중단되면 사물은 병을 앓게 되고, 반대로 이 에너지의 흐름이 균형 있게 공급되면 정상으로 돌아오게 된다. 아유르베다의 기본 목적도 바로 여기에 있다.

프라나는 인간의 몸을 관통해서 흐르며, 만약 응결이 있을 경우에는 아유르베다 테라피로 이 응결을 풀어 줄 수가 있다. 에너지의 흐름은 치료받는 사람의 상태에 따라 그 흐름을 촉진시키거나 아니면 반대로 그 흐름을 막아 줄 수 있다. 동양의학은 병을 신체 내부의 불균형이라고 보며 그 병이 단순히 개인의 육체에만 한정된 것이 아니고 그 사람의 정신, 그 사람의 삶의 환경, 그 사람의 사회환경과도 밀접한 관계가 있다고 본다.

아유르베다 의학에서는 오일을 이용한 치료 방법을 아주 중요한 도구로 삼았는데, 앞으로 공부를 거듭할수록 오일을 통해 인생을 구분하는 방법을 터득하게 될 것이다.

인간의 물리적 몸에 생명을 부여하고 감각을 제공하는 생명의 힘과 에너지에 어떤 변화가 있는지 생각해 보자. 에너지의 물리적 형태는 우주에서 사라지지 않으며 단지 변화할 뿐이다. 인간의 몸에 작용하고 있는 힘은 복잡한 에너지의 체계로 되어 있다. 이 에너지의 체계 없이 물리적 몸은 존재할 수 없다.

2 차크라

1) 차크라의 정의와 의미

차크라(Chakra)는 산스크리트어로 "수레바퀴"라는 의미를 가지고 있다. 차크라는 끊임없이 회전하며, 회전방향에 따라 에너지를 끌고 밀고 당긴다. 굴러가는 것이 수레바퀴의 운명인 것처럼 차크라는 우리 몸 안에서 의식과 무의식과 무관하게 끊임없이 회전하면서 몸의 모든 기관에 관여한다. 신경과 혈관, 림프들과 연결되어 있는 전신의 에너지 통로로 존재한다. 해부학적인 개념에서는 척추 즉, 등줄기에 위치한 중추신경절에 해당하며 7개의 주요 신경절로서 자율신경계와 밀접한 연관성을 가지며 주요 7개의 신체 기관과 연결되어 있다. 이렇듯 미세한 혈관들의 조직망을 통해 프라나가 전달된다. 프라나(Prana)는 "생명의 호흡"의 의미로 들숨과 날숨을 통해 우리 몸 안에 생명력을 불어넣고, 가스배출, 소화 등 대사활동에 반드시 필요한 불쏘시개 역할을 한다. 에너지 센터인 차크라는 모든 호흡을 통해 에너지를 흡수하고 그것을 진동수로 변화시켜 고유의 색, 소리, 형태 등 미세한 진동으로 조직, 세포, 신경의 작용에 밀접하게 영향을 주며 온몸으로 끊임없이 각 기관들과 교류시켜 주는 메인 허브와 같은 중요한 역할을 한다. 88,000개의 많은 차크라 중 우리 몸 중심에는 크게 7개의 차크라가 위치한다.

일반적으로 여성은 달의 주기와 일치하는 생리주기를 가지고 있듯이 낮과 밤, 계절처럼 우주의 모든 것은 리듬과 주기가 있다. 이렇듯 인생의 주기는 7년의 주기로 하나의 차크라가 완성이 되는데, 첫 번째 뿌리 차크라는 땅에 뿌리를 내리듯 앉거나 서 있는 모습으로 기초 차크라로 시작된다. 원초적인 생명 에너지의 충전과 발산을 하며 척추의 기저부에 위치한다.

2) 차크라의 특징

대부분 사람들의 차크라는 중심에서 모든 방향으로 4인치(10.16cm) 정도 뻗어 있다. 차크라는 기본적인 기능에 적합한 특정한 색이 항상 머무르기는 하지만 각 에너지 센터는 모든 색의 진동을 가지고 있다. 인간의 발달에 따라 차크라는 더욱 멀리 뻗어 나가고 진동 횟수도 증가하며 차크라의 색은 더욱 선명해지고 밝아진다.

몸의 에너지 통로인 나디(Nadi)는 차크라를 통하여 인접한 다른 나디와 연결되어 있는데 중국과 일본도 유사한 에너지 체계를 경락(Meridian)이라고 부른다. 인간의 몸에 존재하는 나디는 동맥들의 조직망으로 산스크리트어로 파이프, 도관이라는 혈관을 뜻한다. 한편, 차크라는 다양한 형태의 프라나를 받아들이고 변화시키고 분배하는 역할을 한다. 차크라는 나디를 통해서 인간의 미묘한 에너지 몸과 우리를 둘러싼 환경, 우주의 모든 현상계로부터 에너지를 받아들이고 몸의 여러 부분에서 미묘한 진동수로 변화시킨다. 그리고, 이 에너지들을 우리 주변에 전파한다.

가장 중요한 기본적인 두 가지의 에너지 형태는 뿌리 차크라와 크라운 차크라의 중심을 거쳐 인간 조직체로 들어간다. 이 두 차크라는 생명에너지를 제공하는 줄기를 통해 차크라와 차례차례 이어진다. 쿤달리니라고 불리는 힘이 상승하는 통로이다. 쿤달리니의 힘은 뱀처럼 감겨 척추의 기저부에서 쉬고 있으며 뿌리 센터를 거쳐 조직체로 들어간다. 쿤달리니는 인도의 문헌에서 신의 여성적 표현인 창조적인 우주적 에너지를 상징한다. 쉬고 있는 깨어나지 않는 신의 모습인 순수함의 표현이라 할 수 있다.

3) 차크라와 해부생리학

7개의 주요 차크라는 척추의 기저부를 따라 중추신경절에 주요 위치하고 있다.

그림 2-1 차크라의 위치

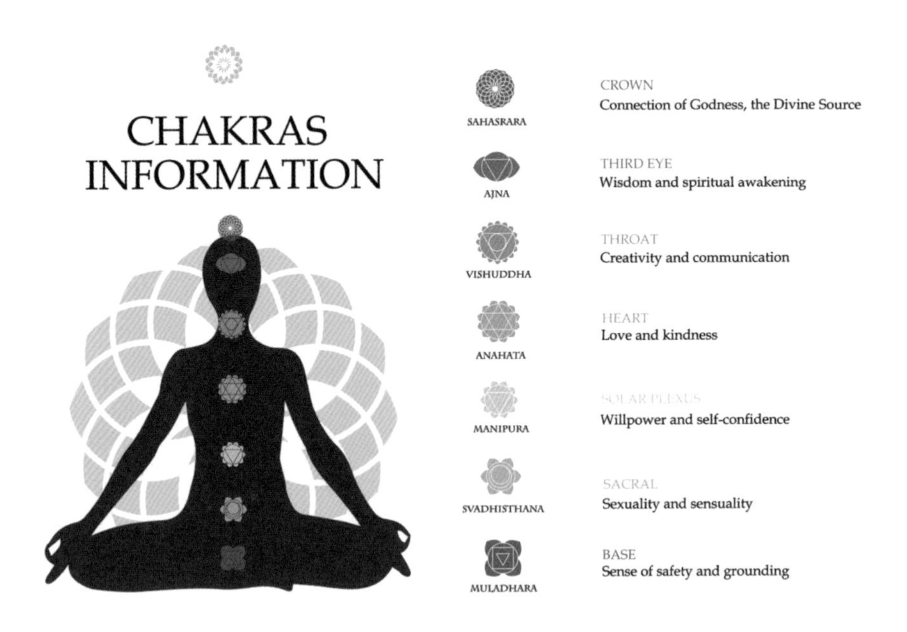

(1) 차크라와 중추신경계

해부학적 의미에서 차크라는 인체의 중추신경계에서 말초신경을 통해 자율신경계가 내장기의 순환을 도와주는 것을 말한다. 즉, 차크라에 각 연결된 내장기 기관은 자율신경계의 교감신경과 부교감신경이 관장하는 내장기를 말하며 교감신경과 부교감신경은 말초신경인 뇌신경과 척수신경을 통해 중추신경계로 연결되어 있으므로, 중추신경계의 순환을 촉진시키므로 각 내장기에 에너지를 전달하는 역할을 하는 것이다.

(2) 차크라와 내분비계

차크라의 해부학적 의미에서 내분비계와 연결성을 볼 수 있는데, 내분비계는 신경계와 같이 신체 기능 조절에 중요한 의사소통과 협력기관이다. 내분비계는 호르몬이라는 화학적 신호를 통해서 의사소통을 한다. 차크라를 활성화시켜 주면, 그와 관련된 내분비계의 균형에도 도움이 된다고 할 수 있다.

그림 2-2 자율신경계와 내장기

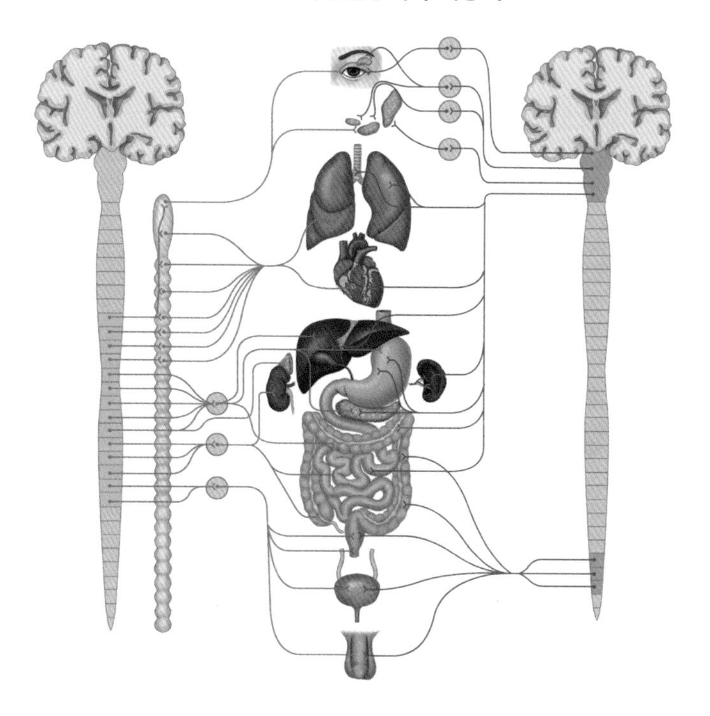

참고 내분비계

내분비계는 신경계와 같이 신체 기능 조절에 중요한 의사소통과 협력기관이다. 내분비계는 호르몬이라는 화학적 신호를 통해서 의사소통을 한다.

1) 호르몬 정의

호르몬은 내비선에서 분비되는 화학적 물질로서 관을 통하지 않고 직접 혈액으로 분비되는 화학전달체로서 다른 기관이나 조직의 활동에 영향을 주거나 통제하는 역할을 한다.

2) 주요 호르몬

(1) 시상하부: 분비호르몬, 억제호르몬

(2) 뇌하수체 호르몬

① 뇌하수체 전엽호르몬: 성장호르몬, 갑상선자극호르몬, 부신피질자극호르몬, 프로락틴(유즙생성호르몬), 여포자극호르몬, 황체형성호르몬
② 뇌하수체 중엽호르몬: 색소세포자극호르몬
③ 뇌하수체 후엽호르몬: 항이뇨호르몬, 옥시토신
(3) 갑상선 호르몬: 티로신, 트리요오드티로닌, 칼시토닌
(4) 부갑상선: 부갑상선호르몬
(5) 부신피질: 글루코코티코이드, 미네랄코티코이드
(6) 부신수질: 카테콜아민
(7) 송과선: 멜라토닌
(8) 췌장: 인슐린, 글루카곤, 소마토스테틴
(9) 난소: 프로게스테론, 에스트로겐
(10) 정소: 테스토스테론

4) 라이프 스타일에 따른 차크라 관리

첫 번째 기초 차크라는 골반 및 척추 기저부에 위치하며 나무가 마치 땅에 뿌리를 깊게 박고 줄기와 잎, 꽃에 생명을 전달하듯이 회음부, 손과 발을 통해 땅의 에너지를 받고 발산하는 뿌리 차크라이다. 이 차크라는 단단한 안정감 안식, 에너지의 재충전을 제공한다. 여성성과 남성성의 발란스를 조절하는 생명에너지의 충전과 발산을 담당한다.

2번째 순환 차크라는 하복부와 허리에 위치하며 물의 에너지로 신장과 방광의 기관과 밀접하여 수분 대사를 도와주며 자연에서 물은 비옥하게 하고 새로운 생산을 담당하는 여성 에너지와 연관성이 있다. 정화기능이 있고 생명유지에 필요한 흐름에 방해되는 것을 용해하고 씻어 내는 기능으로 임신 중에는 정화된 양수를 통해 태아에게 엄마의 좋은 에너지의 진동을 전달하며 태아는 엄마의 관심과 사랑을 전달받게 된다.

상복부에 위치한 3번째 차크라는 불의 요소로 소화기 차크라이며 위의 소화력과 간의 해독력 등 소화와 재생, 회복에 연관되며, 눈과 시각에 영향을 끼치며 자아의 발현으

로 양상된다. 4번째 차크라는 가슴 부위에 위치하며 폐, 심장, 흉선의 작용은 공기의 이동을 통해 깊은 호흡과 대사활동, 면역력에 영향을 미치고, 목에 위치한 5번째 차크라는 청각, 귀와 연결되어 나를 표현하고 타인과의 소통에 매우 중요한 작용을 한다. 제 3의 눈이라고 하는 미간에 위치한 인당의 6번째 차크라와 정수리의 7번째 차크라는 신경계의 총사령탑인 대뇌하고 연결되어 크라운 차크라라고 말하며 이성적 판단과 지혜, 현명함을 표현한다. 이렇듯 호흡을 통해 각 차크라를 잘 돌리면서 온몸의 구석구석에 생명의 에너지를 전달하고 다시 날숨을 통해 몸밖으로 들락날락 하며 순환하고 있다. 이런 차크라는 7년의 주기로 한 개의 차크라가 완성이 된다. 뿌리 차크라로 시작해 7년마다 하나의 차크라를 완성하며 각 해당 차크라의 특징들은 7년의 기간 동안 우리 삶의 기본 주제가 된다. 이런 주기는 아이들의 자연스러운 발달 주기에 고려해야 할 사항으로 관여한다.

차크라는 두려움으로 인해 방해받는 것에 제일 먼저 느낄 수 있는 에너지의 중계 장치이므로, 임신 중에도 차크라의 발달은 태아기 전체에 걸쳐 형성이 되고, 엄마가 지속적인 스트레스에 놓이게 되면 에너지 체계에서 방해물의 싹이 자궁에 나타날 수 있고, 사랑이 깃든 자궁은 안전하고 튼튼한 최초의 집으로 태아에게 완벽하게 만족스러운 최상의 조건들을 아이에게 제공하게 될 것이다.

탄생하는 순간 인생의 이정표로서 바깥세상이 우호적이고 유쾌한 곳으로 인식할 것인가 냉혹하고 사랑이 결여된 곳으로 인식하는가를 결정하게 된다.

홀리즘테라피 솔루션 제안

Chapter 03

자연성형테라피

1 유럽 경락 - 5대 순환

유럽 경락은 중의학이 유럽으로 건너가서 유럽의 서양의학에 의해 해석된 테라피를 의미한다. 그래서, 유럽 경락은 중의학을 5대 순환 관리로 풀어 설명한다. 본서에서는 유럽 경락에서 말하는 5대 순환 관리에 대해 알아보도록 하겠다.

참고 중의학에서의 경락

1) 경락의 정의

경락이란 인체의 기혈이 운행되고 통과하고 연락되는 통로를 말한다. 이런 경락을 통해 인체의 장부와 모든 기관들이 연락하게 되고, 그를 통해 인체의 기능을 조절하는 특수한 네트워크이다.

중의학에서는 생명을 영위하는 에너지와 영향을 기혈이라고 한다. 기는 보이지 않으나 쉼없이 몸의 구석구석을 운행하는 생명활동을 유지하는 에너지를 말하며, 혈은 기를 따라 몸의 각종 세포와 조직을 형성하는 물질을 대표하는 것이다.

2) 경락의 생리작용

기를 전신에 순환시켜 음양의 조화를 꾀하고 인체의 생리적인 활동을 유지한다.

외사의 침입에 대한 방어작용을 한다.

경락을 통해 장부 허실을 조정하여 질병을 치료한다.

즉, 경락은 기의 순환과 혈의 순환을 의미한다. 기라는 것을 서양의학적 관점에서 에너지 순환, 신경계 순환을 기의 순환이라고 할 수 있다. 혈의 순환은 동맥, 정맥, 림프의 순환을 의미한다. 즉 이 5대 순환을 유럽 경락이라고 하고 본서에서 소개하고자 한다.

1) 기의 순환 - 신경 순환, 에너지 순환

(1) 기(氣)의 정의와 개념

중의학에서 기는 만물 또는 우주를 구성하는 기본 요소로 물질의 근원 및 본질을 말하는 것으로 중국철학 용어로 모든 존재현상은 기의 모임과 흩어짐에 의해 생겨나고 없어진다. 따라서, 기를 생명 및 생명의 근원으로 보기도 한다고 정의하고 있다. 그러므로, 기는 생명의 근원으로 호흡과 관련있다고 말하고 있다.

중의학은 세계, 우주를 이루는 근본이 기이고, 이 기는 음과 양으로 이루어졌다고 한다. 즉, 기는 음과 양으로 구성되어 있고, 이는 서양의학적 관점에서 인체의 가장 기본 단위인 세포는 물질의 기본 단위인 원자들이 모여서 형성하는데, 이 원자는 음이온, 양이온으로 구성되어 있고, 이 이온의 흐름에 의해 에너지가 발생하게 되는 이것이 바로 중의학에 말하는 기의 흐름인 것이다. 쉽게 설명하자면, 중의학의 기를 서양의학적 관점에서 설명되는 것이 에너지이고, 에너지의 흐름에 의해 신경전달체계가 만들어지므로 신경계 순환을 의미하는 것이라 할 수 있다.

그림 3-1 원자 양이온 / 음이온

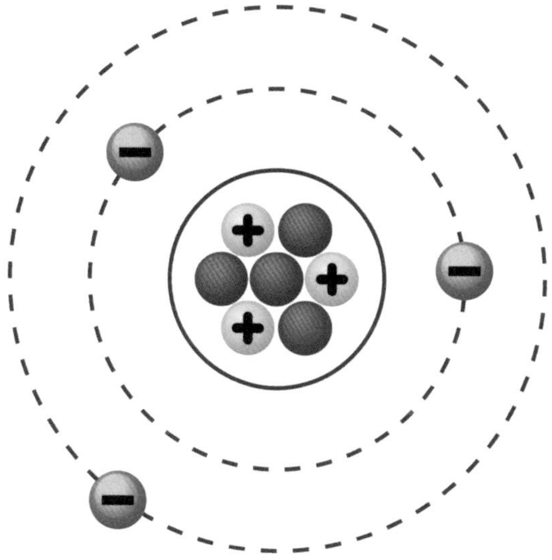

(2) 신경 순환, 에너지 순환

신경계는 중추신경계와 말초신경계로 나누어진다. 중추신경계는 뇌와 척수로 구성되어 있고, 말초신경계는 뇌와 척수를 제외한 모든 신경조직을 말한다. 말초신경계는 체성신경과 자율신경으로 구성되어 있으며 자율신경은 교감신경과 부교감신경으로 나뉜다. 이것들은 해부학적 특성과 신경조직 분포기관에서 전개되는 다양한 작용에 대한 기능적 특성으로 구분되는데 교감, 부교감신경계는 일반적으로 길항기능들을 갖는다.

중추신경계로부터 지각된 감각적 자극은 변연계 동화작용을 통해 말초기관의 기능에 영향을 미치고, 이로 인해 중추신경계는 자율신경계의 교감신경과 연결되는 내장기와 연결되어 있으므로 신경 순환은 내장기에 밀접한 영향을 미친다.

사람이 스트레스를 받으면 체하거나 두통, 불면 또는 위염 등의 증상을 겪게 되는데 이는 모든 사람의 몸에서 음, 양의 부수적인 힘이 존재하는데 이 둘은 항상 균형을 이루고 있다는 중의학의 개념에 기초를 둔 것이다.

음은 부정적인 힘, 양은 긍정적인 힘에 분류되지만 이 둘은 항상 균형을 이룬다.

말단기관 차원의 질병을 유발시키는 불안감, 두려움, 긴장 등 지속적이거나 과도한 스트레스의 노출은 자연자극에 의한 유기체의 반응으로 에너지, 신진대사 순환의 변형 등에 영향을 끼칠 수 있다.

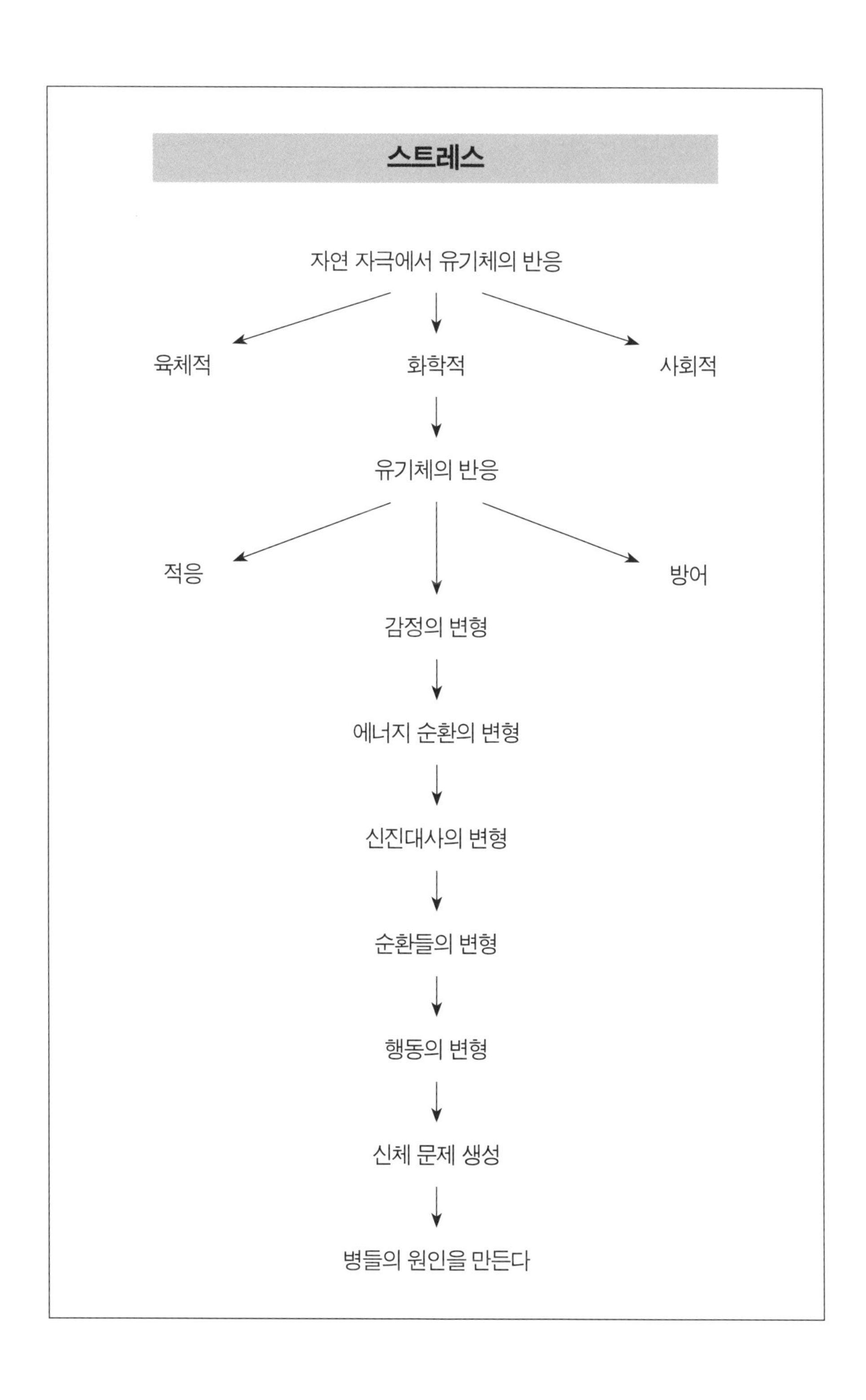
스트레스
자연 자극에서 유기체의 반응
육체적
화학적
사회적
유기체의 반응
적응
방어
감정의 변형
에너지 순환의 변형
신진대사의 변형
순환들의 변형
행동의 변형
신체 문제 생성
병들의 원인을 만든다

참고 **신경계**

1) 중추신경계

중추신경계는 뇌와 척수를 의미한다. 인체의 모든 것을 통솔하는 뇌와 뇌의 정보를 말초 신경까지 전달하는 척수로 이루어져 있다. 이 중추신경계는 말초신경인 자율신경계의 교감신경을 통해 순환계에도 영향을 준다.

2) 말초신경 - 자율신경계

자율신경계는 교감신경과 부교감신경으로 구분된다. 순환계의 순환을 조절하는 데 영향을 미치는 것이 자율신경계의 중 교감신경이므로 교감신경에 대한 조절이 순환계 관리에 매우 중요한 역할을 한다고 할 수 있다.

(1) 외사의 침입에 대한 방어작용을 한다.

(2) 경락을 통해 장부 허실을 조정하여 질병을 치료한다.

2) 혈의 순환 - 동맥 순환, 정맥 순환, 림프 순환

순환계는 크게 혈액을 운반하는 혈액 순환계(blood circulatory system)와 조직 사이의 조직액을 운반하는 림프 순환계(lymph circulatory system)로 나눌 수 있다.

참고 **순환계**

순환은 심장에서 큰 동맥으로 방출해 보낸 혈액이 일련의 혈관들을 돌아 심장으로 되돌아오는 것이다. 즉, 혈액이 심장에서 혈관으로 다시 심장으로 돌아오는 형태가 순환이라고 하는 것이다. 이런 배열 때문에 순환은 한 방향으로만 흐를 수 있다.

1) 폐 순환 : 폐 순환을 통해 폐는 산소를 받아들이고 이산화탄소를 내보내게 된다. 심장으로 돌아온 산화된 혈액(산소가 많은 혈액)은 다시 온몸으로 보내지면서 전신 순환을 하게 된다.

2) 전신 순환 : 전신에 혈액을 공급하는 더 큰 순환이다. 전신 순환은 산소와 생명유지에 필요한 영양분을 세포로 운반하고 세포로부터 이산화탄소와 노폐물을 받는다.

그림 3-2 폐 순환 / 전신 순환

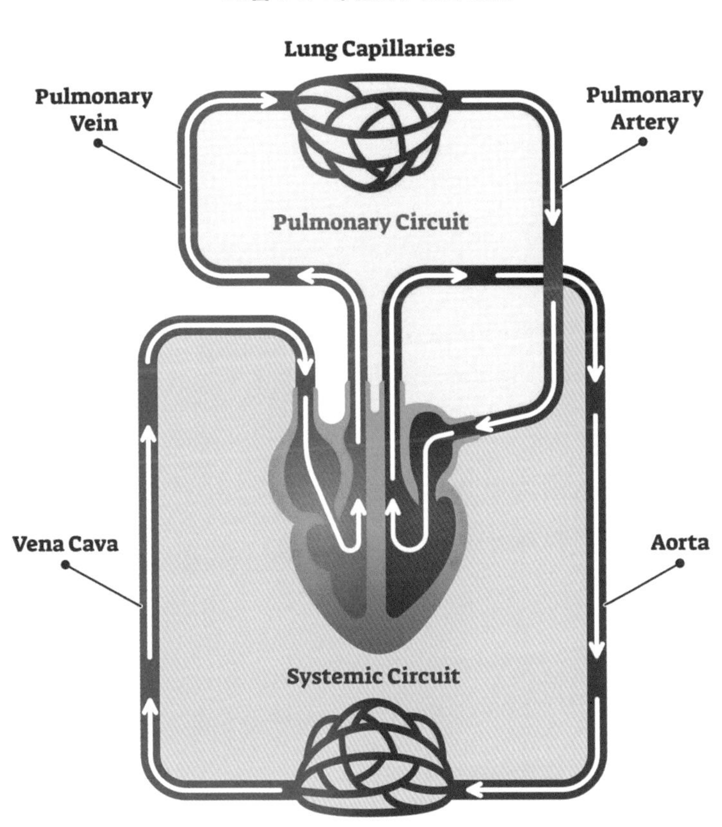

일반적으로 동맥계, 정맥계를 제1순환계, 제2순환계라고 한다. 여기에 추가하여, 림프계를 제3의 순환계로 이야기한다. 하지만, 동맥, 정맥계처럼 심장을 기준으로 하지 않는다. 림프계는 조직 사이에서 시작한 작은 모세림프관에서 시작하여 말초의 림프액을 중심 쪽으로 이동시키는 일방시스템이다. 그리므로, 림프계는 정맥계와 동맥계과 연결되었는데 진정한 순환이라는 의미를 사용할 수 있다.

(1) 동맥 순환

동맥 순환은 대동맥에서 세동맥을 거쳐 모세혈관을 통해 전신에 산소와 영양분을 공급하는 순환을 말한다. 대동맥은 장의 좌심실에서 온몸으로 혈액을 보내는 대순환(大循環)의 본줄기를 이루는 동맥 인체에서 가장 큰 혈관으로 심장과 직접 연결되어 있으며 산소가 풍부한 혈액이 온몸에 공급되는 주 통로로 쓰인다. 심장에서 나오는 많은 양의 혈액의 통로가 되므로 높은 압력과 혈류량을 견딜 수 있도록 튼튼한 구조로 이루어져 있다. 대동맥에서 동맥, 세동맥, 모세혈관을 통해 조직 내에 산소와 영양분을 공급한다. 동맥 순환은 산소와 영양을 공급하는 매우 중요한 순환이다.

참고 동맥

동맥은 심장에서 조직으로 혈액을 운반하는 혈관이다. 큰 동맥은 점점 더 작은 혈관으로 나누어져 전신에 통하도록 분포되어 있다. 동맥이 수없이 많은 가지로 나누어지면서 혈관의 직경은 더 좁아진다. 가장 작은 동맥을 세동맥이라고 부른다. 동맥은 산화된 혈액을 운반한다.

1) 세동맥

세동맥은 동맥 중 가장 작은 혈관이다. 주로 민무늬근으로 구성되어 있으며, 수축과 이완이 이루어진다. 세동맥을 통해 조직에 영양과 산소가 공급된다.

(2) 정맥 순환

심장에서 나오는 혈액에 의하여 강한 압력을 받는 대동맥과 달리 대정맥은 체내를 순환한 혈액들이 돌아오는 통로이므로 대동맥에 비하여 혈압이 낮고 혈관벽이 얇다. 혈류 속도가 느리고 혈압이 낮아 혈액이 역류하는 것을 방지하기 위하여 곳곳에 판막이 위치한다. 정맥은 모세혈관을 통해 산소와 영양분을 세포에게 주고 이산화탄소와 노폐물을 가진 혈액을 세정맥으로 가져가게 하고 대정맥을 통해 다시 심장으로 다시 귀환하도록 하는 순환이다. 심장으로 유입된 혈액은 다시 폐 순환을 통해 산소와 이산화탄소를 교환하게 된다. 정맥 순환이 원활해야 세포 조직 내의 이산화탄소와 수분정체물을 잘 운반할 수 있다.

참고 정맥

정맥은 혈액은 모세혈관에서 정맥으로 흐른다. 정맥은 심장으로 되돌아가는 혈액을 운반하는 혈관이다. 가장 작은 정맥을 세정맥이라고 부르면, 모세혈관으로부터 혈액을 받는다. 작은 정맥들은 한데 모여서 좀 더 큰 정맥을 이룬다. 큰 정맥은 혈액을 심장(우심방)으로 보낸다. 정맥은 탈산화된 혈액을 운반한다.

1) 세정맥

세정맥은 조직에서 나온 이산화탄소와 노폐물을 흡수해서 정맥으로 보낸 후 심장으로 흘러가게 한다.

그림 3-3 동맥, 정맥

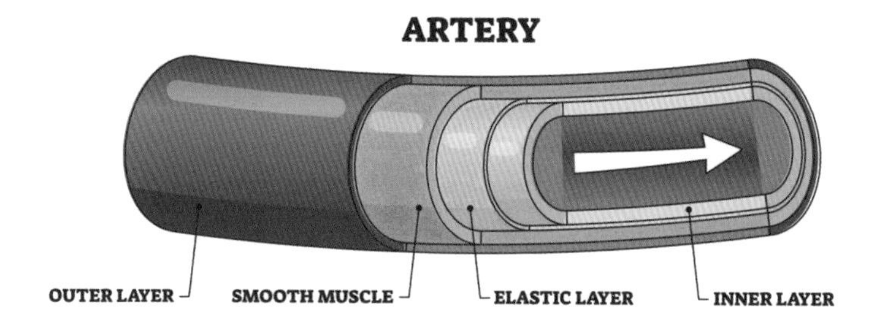

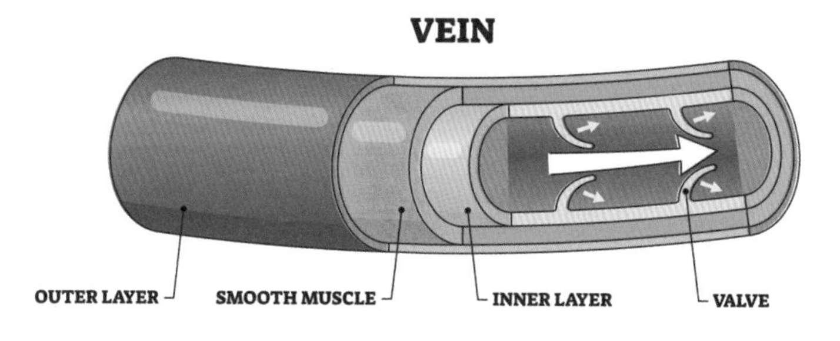

참고 모세혈관

심장에서 나온 혈액은 세동맥에서 모세혈관으로 흐른다. 모세혈관은 모든 혈관 중 가장 많은 수를 차지하며, 신체의 모든 세포에 분포되어 있어 산소와 생명유지에 필요한 영양분을 지속적으로 공급할 수 있다.

모세혈관은 교환혈관이라고 할 수 있으며, 단일 내피세포층으로 되어 있어 조직과 혈액 사이의 호흡가스, 영양분 및 노폐물의 확산이 용이하고, 신속하고 효율적으로 세포에 영양을 공급하고 대사성 노폐물을 제거한다. 모세혈관이 영양분과 노폐물의 교환이 원활하게 이루어지기 때문에 모세혈관을 교환혈관이라고 부른다. 즉, 세포 내의 산소와 영양소를 공급하고, 세포 밖으로 이산화탄소와 노폐물을 배출하게 하는 혈관은 모두 모세혈관에서 이루어지면, 모세혈관의 순환이 잘 되어야만 세포 대사가 원활하게 이루어진다고 할 수 있다.

그림 3-4 모세혈관 교환

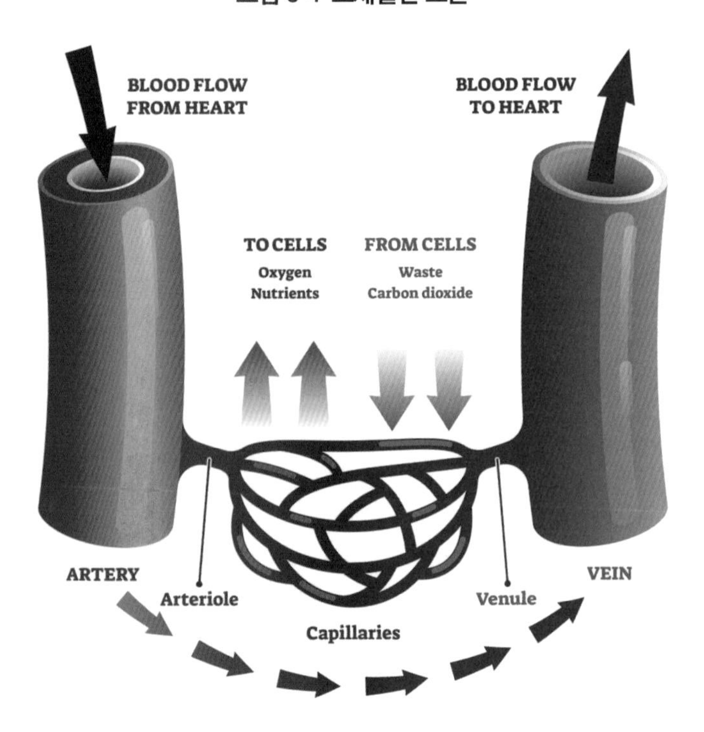

(3) 림프 순환

림프는 모세혈관에서 여과되어 흡수되지 못한 혈장의 조직액으로 되어 있다. 조직 내에서 조직액의 90%는 모세혈관 내로 다시 들어가고 이는 정맥 내로 들어가게 한다. 조직액의 10%는 모세혈관 내로 들어가지 않고 모세혈관 주위에 있는 모세림프관으로 들어가게 된다. 림프관 내로 들어간 조직액이 바로 림프이다. 림프는 림프관을 통하여 조직 혹은 세포 사이 간질을 떠나 심장 쪽으로 운반되어 결국은 다시 정맥으로 통해 혈액으로 들어가게 된다. 림프 순환은 신체의 과도한 조직액이나 독소나 지방을 포함한 다른 이물질을 림프절을 통해 정화하는 필터를 거친 후 정맥으로 되돌리는 역할을 하므로 인체 순환계에서 정맥과 동맥과 연결하여 매우 중요한 순환계라고 할 수 있다.

참고 림프

모세혈관 교환 중 혈장으로부터 형성된다. 즉, 모세혈관벽을 통해 혈장과 조직액이 끊임없이 교류되는데, 이때 동맥압에 의해서 모세혈관벽을 뚫고 조직 사이로 나오는 성분 중 모세림프관으로 유입되는 액체를 말한다. 림프 주요 구성물로는 혈장단백질, 수분, 면역세포(림프구), 마크로파지(대식세포), 긴 사슬 지방산로 구성되어 있으며, 그 밖에 효소, 호르몬과 같은 생리활성 물질과 노폐물과 색소, 죽은 세포 및 독소 등으로 구성되어 있다. 림프관은 림프 안에 들어온 내용물을 이동시키고, 조직 사이에 축적된 과도한 조직액과 지방을 흡수해 제거한다. 림프절에 있는 면역세포들의 면역작용을 통해 조직액내의 독소, 바이러스균 등을 제거하고, 깨끗해진 조직액을 정맥을 통해 심장으로 되돌리는 역할을 한다.

2 5대 순환 관리 - 자연성형테라피

앞서 알아본 기의 순환(신경 순환, 에너지 순환)과 혈의 순환(동맥 순환, 정맥 순환, 림프 순환)를 5대 순환 관리라고 한다. 그러므로 경락의 12경맥관리를 통해 기의 순환 관리 음의 순환 관리, 양의 순환 관리가 가능하며, 혈의 순환이 가능하다. 5대 순환 관리를 통해 얼굴의 균형을 맞춰 주는 자연성형테라피를 알아보자.

1) 경락의 12경맥을 통한 순환 관리

경락이 기와 혈을 말하고, 중의학의 경락관리는 12경맥을 통해 진행된다. 중의학 경락관리가 우리가 말하는 유럽 경락의 5대 순환 관리이므로 경락의 12경맥을 통해 5대 순환 관리가 가능하다.

경락의 12경맥은 내측을 음, 외측을 양으로 나누고, 인체 장기 중 간, 심장, 비장, 폐, 신장을 음으로, 담, 소장, 위, 대장, 방광을 양으로 나누어서 설명하고 있다.

(1) 음의 순환 관리

음경라인은 앞서 언급되었듯이 상지와 하지의 내측을 말하는 관리이다. 전신의 전면을 의미하기도 한다. 태음폐경, 수궐음심포경, 수소음심경, 족태음비경, 족소음신경, 족궐음간경 관리가 음의 순환 관리라 할 수 있다.

(2) 양의 순환 관리

양경라인은 앞서 언급되었듯이 상지와 하지의 외측을 말하는 관리이다. 전신의 후면 쪽을 말하기도 한다. 수양명대장경, 수태양소장경, 수소양삼초경, 족양명위경, 족태양방광경, 족소양담경 관리가 양의 순환 관리라 할 수 있다.

(3) 홀리즘 솔루션

음양은 표리관계로 분리해서 생각할 수 없다. 음에너지가 약해지면 양에너지가 강해지고, 반대로 양에너지가 너무 강하면 음에너지가 상대적으로 약해지면서 발란스가 무너지면 그렇게 인체 균형이 깨지면서 신체변화가 생긴다. 그러므로, 음경라인과 양경라인의 순환을 촉진시켜 신체의 음양 발란스를 맞춰 주는 것이 중요하다.

2) 자연성형테라피

자연성형테라피는 유럽 경락인 5대 순환 관리를 통해 얼굴의 음양의 발란스가 깨져서 얼굴의 비율이나 형태가 변한 상태를 관리하는 테라피이다. 음양의 발란스가 무너졌다는 것은 정상적인 순환이 되지 않고 있다는 것이므로, 유럽 경락인 5가지 순환을 촉진시켜 페이스의 균형을 맞춰 주어 좌우 비대칭이 균형을잡고 얼굴 축소 리프팅을 테크닉을 통한 안면윤곽 테라피이다. 얼굴의 균형을 좌우하는 근육의 음, 양의 발란스를 맞추면서 우선 얼굴에 균형을 좌우하는 근육을 알아보자.

(1) 얼굴 균형을 좌우하는 근육

① 활경근 (platysma muscle / 넓은 목근)

인간 목의 얕은 층 근육으로, 목의 앞면을 얕은 층에서 덮고 있다. 경부의 근막에서 기시하여 하악과 입의 주위 피부에 부착하는 판상근으로, 안면신경자기로부터 신경지배를 받고, 목피부에 주름을 잡게 하며 하악을 아래쪽으로 움직이는 작용을 한다. 수축하면 목에 약간의 주름이 생기고 목 양쪽에 활시위 효과(bowstring effect)가 나타난다. 활경근의 뭉침과 늘어짐은 얼굴근육의 불균형을 초래한다.

② 흉쇄유돌근(sternocleidomastoid muscle / 목빗근)

목 부위의 구조물의 위치를 정하기 위해 이정표로도 사용되는 근육으로 목 부위의 해부학적 위치를 기준으로 앞쪽 삼각, 뒤쪽 삼각으로 나눈다. 아래쪽에서의 기시점이 두 곳으로 하나는 복장뼈머리(흉골머리)이고, 다른 하나는 빗장뼈머리(쇄골머리)이다. 뇌신경 중 하나인 목신경의 지배를 받는다. 흉쇄유돌근의 단축은 하악의 기울기를 만들어 내거나, 비대칭을 만들어 낸다.

③ 사각근(scalene muscles / 목갈비근)

경추의 바로 바깥쪽에 있고 전, 중 및 후사각근으로 나뉘어진다. 목 가쪽에 있는 세 쌍의 근육으로, 앞목갈비근, 중간목갈비근, 뒤목갈비근이 존재한다. 셋째 목신경부터 여덟째 목신경까지의 척수신경(C3 - C8)에 의해 지배된다. 사각근의 단축과 뭉침은 얼굴의 삐뚤어지거나 비대칭을 형성하게 된다.

그림 3-5 활경근 / 흉쇄유돌근 / 사각근

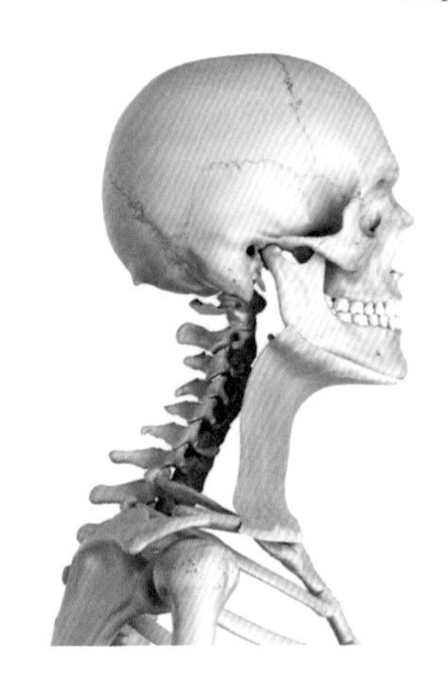

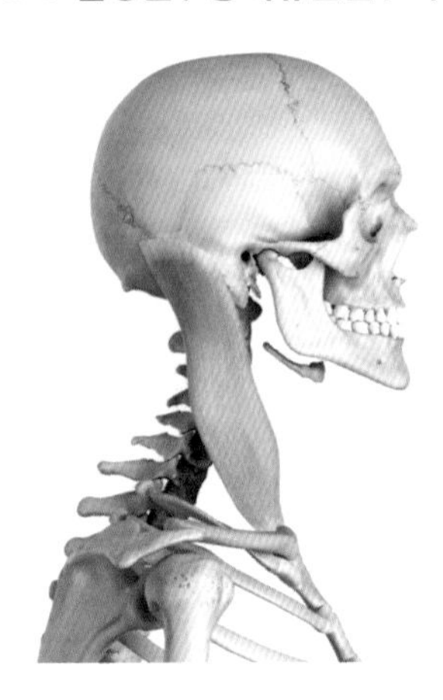

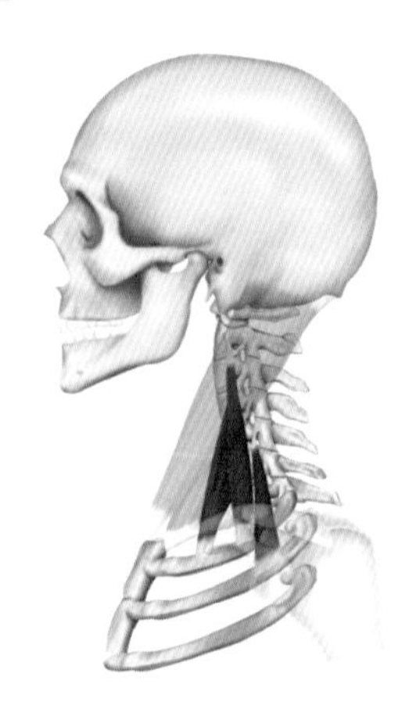

④ 교근(masseter muscle)

저작근으로 턱의 측면에 있는데 광대뼈에서 시작되어 아래턱뼈로 이어지므로 아래턱을 끌어올려 위턱으로 밀어붙이는 작용을 한다. 음식물을 씹을 때 중요한 역할을 한다. 피부 바로 밑에 있으므로 아래위의 턱을 꽉 물면 귀의 앞쪽 아랫부분에서 심줄의 운동을 만져 볼 수가 있다. 3차신경(三叉神經)의 제3지(枝)인 아래턱신경[下顎神經]에 의하여 지배된다. 한쪽으로 음식을 씹는다거나 교근을 받치고 있는 흉쇄유돌근의 단축 등에 의해 교근의 발란스가 깨지게 되므로 얼굴의 비대칭이 발생한다.

⑤ 측두근(temporalis / 관자근)

측두와 전체로부터 생겼고 악골의 오해돌기까지 뻗어가는 넓고 방사형으로 달리는 근육이다. 인간의 머리 양쪽에 있는 넓은 부채꼴 모양의 근육으로 관자우묵(temporal fossa)을 채우고 있으며 광대활(zygomatic arch)보다 위에 있어 관자뼈의 많은 부분을 덮고 있다.

교근과 측두근의 단축과 불균형은 광대와 하악의 균형을 깨지게 하므로 비대칭과 늘어짐, 사각턱을 만드는 주요 원인이다.

그림 3-6 교근 / 측두근

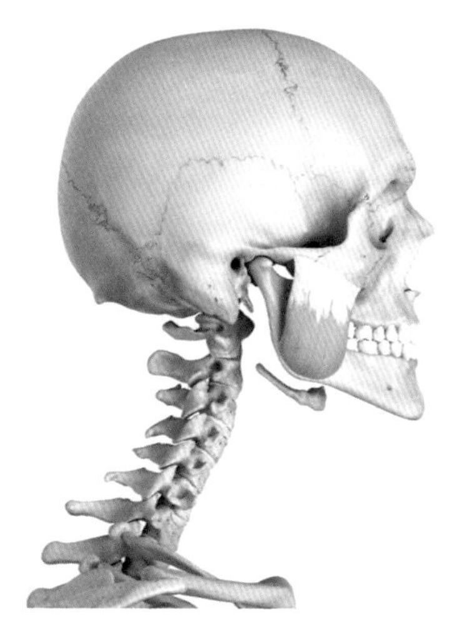

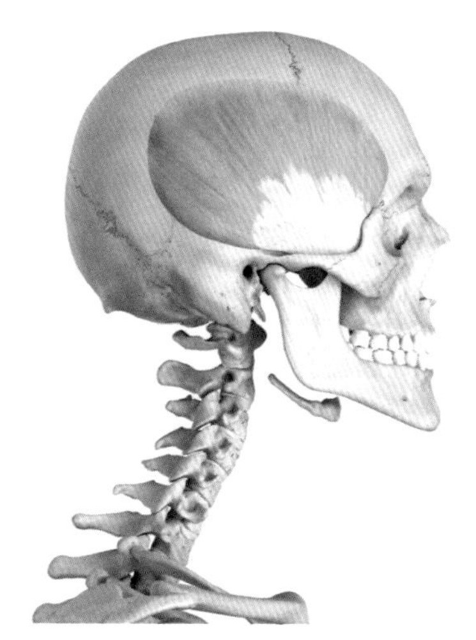

(2) 얼굴 균형을 좌우하는 신경

① 삼차신경 (trigeminal nerve)

얼굴의 감각 및 일부 근육 운동을 담당하는 제5뇌신경을 말한다. 가장 큰 뇌신경으로 지각근과 운동근으로 되어 있다. 눈신경, 위턱신경, 아래턱신경으로 갈라진다. 그래서 삼차신경이라 불리운다. 굵은 지각근(知覺根)과 가는 운동근(運動根)으로 구성된다. 지각근은 안면의 피부, 비강 및 구강의 점막, 치아 등에 분포하면서 그 지각을 조절하고, 운동근은 저작근 기타 약간의 작은 근육의 운동을 조절한다. 삼차신경은 안면의 운동과 피부 비강 등에 연결되어 있어 삼차신경의 문제가 생기면 근본적으로 페이스의 균형이 깨진다. 삼차신경은 교근을 통하므로 교근의 비대칭이나 뭉치에도 삼차신경의 균형이 같이 깨지는 것을 기억해야 한다.

그림 3-7 삼차신경

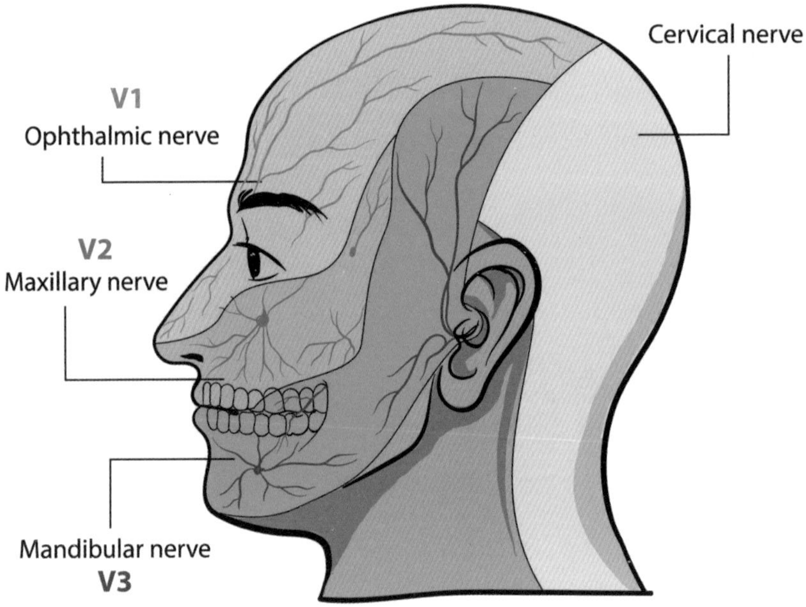

(3) 비대칭 종류별 홀리즘 관리 방법

① 부종형

부종형은 인체의 정맥 순환이 안되면서 조직 내의 과잉 조직액이 정체되면서 생기는 비대칭의 불균형을 말한다. 이때 정맥 순환 관리를 해 주면 조직 내의 수분정체물을 제거할 수 있으므로 근본적으로 수분 정체에 의한 비대칭 불균형을 해결할 수 있다.

② 골격형

골격, 뼈의 비대칭에 의해 생기는 비대칭 불균형이다. 오랜 습관으로 잘못된 자세에 의해 고착화되고, 그것이 습관화되면 골격의 비대칭까지 발생하게 된다. 골격형은 골격이 발달되어 얼굴에 살이나 지방이 상대적으로 적거나 피부가 얇은 상태를 표현한다. 골격이 두드러지고 탄력이 부족한 경우이며 딥티슈의 뭉침으로 표피의 늘어짐으로 나타난다. 에너지 순환 관리를 촉진하여 골격형 비대칭을 근본적 케어가 가능하다.

③ 근육형

근육형 비대칭은 앞서 언급한 근육들의 긴장에 의한 단축에 의해 불균형이 일어난 것이다. 근육의 긴장과 근육과 연결되어 있는 삼차신경을 이완시켰을 때 근본적인 근육형 비대칭의 불균형을 해결할 수 있다.

④ 지방형

림프의 순환이 안되면 조직 내의 단백질과 지방노폐물이 쌓이게 된다. 이 또한 조직 사이사이의 결절로 형성되어 딱딱해지면서 균형을 깨는 원인이 된다. 림프 순환을 촉진시켜 주므로 페이스의 균형을 맞춰주어 해결해야 한다.

(4) 홀리즘 솔루션

현대인들은 많은 스트레스와 발란스가 깨진 생활습관들로 인해서 우리 몸의 비대칭과 순환 저하로 인해 얼굴라인이 무너지게 된다. 그러므로 음양의 발란스가 깨진 근육과 신경을 12경락선으로 발란스를 맞춰 주어 얼굴의 비대칭을 교정해야 한다. 또한 혈의 순환 관리로 동맥 순환, 정맥 순환, 림프 순환을 촉진시킴으로써 정체된 수분, 지방노폐물을 제거하고 조직의 재건과 회복을 촉진시켜 근본적으로 솔루션을 제시할 수 있다.

홀리즘테라피 솔루션 제안

Chapter 04

4D 리페어테라피

1 피부

1) 피부의 정의

피부는 우리 몸의 가장 바깥에 있으면서 외부로부터 자극을 받아들이고 민감하게 반응하는 최초의 인체 조직이다. 피부는 태양광선, 온도, 습도, 바람, 눈에 보이지 않는 그 외에 피부와 접촉하고 있는 외적인 요인들이 신체에 영향을 미치는데, 물리적, 화학적 자극 등 밖으로부터 부딪히는 모든 것에 적절히 대응하며 최전방에서 우리 몸을 지키는 것이 바로 피부이다. 피부는 우리 몸을 보호해 주는 기본적인 보호작용과, 분비, 배설, 흡수, 감각, 호흡, 각화, 체온조절, 비타민 합성, 항체형성작용과 같은 다양한 기능을 하며 우리 몸에서 가장 중요한 면역작용을 하는 곳 중 하나이기도 하다. 피부는 표면으로 보기에는 단순하게 한 장의 얇은 막처럼 보이지만 실제로는 다양한 층으로 구성되어 있다. 표피, 진피 이 둘을 구별해 주는 아주 얇은 막인 진피표피경계부, 진피의 아래에 피하지방층 이렇게 4개의 층으로 구성되어 있다.

피부는 우리 몸의 가장 넓은 장기로 표피, 진피, 피하지방층으로 나누어지며, 부속기관으로 한선, 피지선, 모발, 조갑 등이 있다.

피부의 평균 두께 약 1.5mm이며 신체에서 가장 얇은 곳은 눈꺼풀이며, 가장 두꺼운 곳은 손바닥과 발바닥이다.

면적은 약 1.6m^2~1.8m^2 정도이고 무게는 체중의 약 16% 차지한다.

구성물질은 수분 약 70% 단백질 약 20%, 지질 약 5%, 기타물 5%로 구성되어 있다.

그림 4-1 피부구조

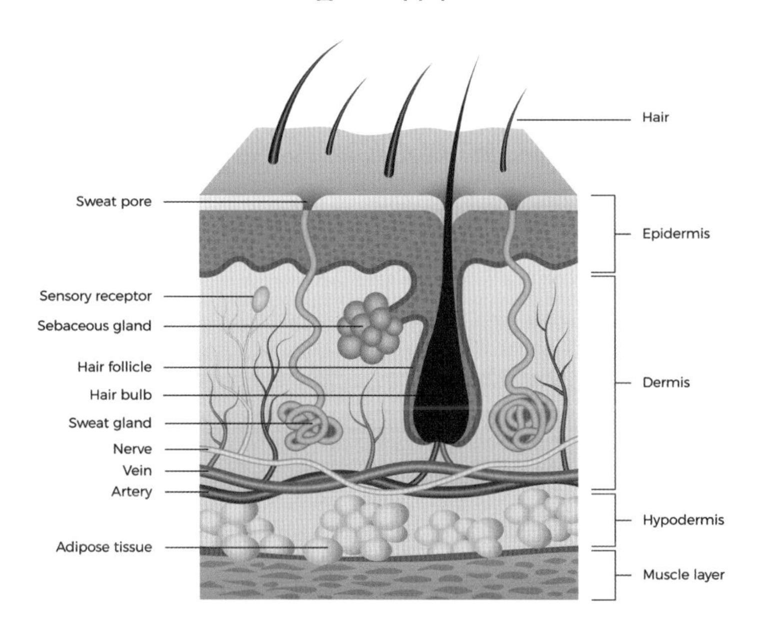

2) 피부의 구조

(1) 표피의 구조

표피는 진피의 겉에 표면에 위치하고 있다고 해서 붙여진 이름이다. 피부의 가장 바깥쪽에 있는 얇은 층으로 각질층, 투명층, 과립층, 유극층, 기저층으로 구분할 수 있다. 이 중 투명층의 경우에는 손바닥, 발바닥에만 존재하는 층으로 우리 몸의 다른 부위에서는 관찰되지 않는다. 표피는 피부의 가장 바깥 부분에 위치하여 있으므로 외부로부터 유해한 물질이나 병원균이 체내에 침입하는 것을 방어하는 작용과 신체에서 수분이 증발되는 것을 막아 주기도 한다. 표피에는 각질형성세포, 멜라닌세포, 랑게르한스세포, 메르켈 촉각세포가 있는데 이 모든 것이 보호를 위해 존재한다.

각질형성세포(keratinocyte)는 표피의 80% 이상을 차지하는 표피의 주요 구성 세포로서 이름 그대로 각질을 만드는 세포이다. 이 세포는 표피의 가장 아래층인 기저층에서 생성되면서 가장 피부의 표면까지 올라가서 각질층이 되는 것입니다.

멜라닌세포(melanocyte)는 표피의 5% 정도를 차지하며, 기저층에 위치하며 멜라닌 색소를 생산한나. 멜라닌세포의 수와 밀도는 인종과 피부색과 관계없이 일정하기 때문에 피부색은 멜라닌세포의 수와는 상관없이 멜라닌의 모양이나 수에 따라 달라진다. 표피에서 주로 기저층에 산재하고 있는 멜라니 세포와 기저세포의 비율은 평균 1:10 정도이다. 멜라닌세포는 1개당 평균 36개의 각질형성세포와 접촉하고 있다. 멜라닌세포는 표피 이외에도 진피, 점막상피, 망막 등에 존재한다.

메르켈(merkel) 촉각세포는 표피에 있는 가장 기본적인 촉각 수용체이다. 기저층에 위치하며 신경섬유의 말단과 연결되어 있어 신경자극을 뇌에 전달하는 역할을 한다.

랑게르한스(Langerhans)세포는 피부의 면역 반응, 알러지 반응, 바이러스 감염 방지의 역할을 하는데, 우리 몸에 들어오는 여러 유해요인들을 인지해서 우리 몸에 전달해 주는 세포로서 우리 몸의 1차 면역 기능을 하는 세포이다.

즉, 표피의 모든 세포, 각질형성세포, 멜라닌세포, 랑게르한스세포, 머케르촉각세포는 모두 보호 기전을 위해 존재하는 세포이다. 즉 가장 중요한 표피의 역할은 보호이기 때문이다.

각질형성세포의 분화에 따라 아래 4가지 층으로 표피를 구분할 수 있다.

① 기저층

표피의 가장 아래층을 구성하며 진피와 접하고 있는 층으로서 각질형성 세포, 멜라닌 형성세포가 존재한다. 기저층의 세포들은 산소와 영양분을 흡수하고 이산화탄소와 노폐물을 배출한다. 이로 인해 기저층에서는 세포가 끊임없이 분열하여서 각질세포가 끊임없이 생성되는 곳이다. 기저층은 단층이므로 이렇게 생성된 세포가 한 층씩 밀려 올라가면서 분화하게 된다. 즉, 표피의 성장과 새로운 세포의 생성을 담당한다.

② 유극층

유극층에는 5~10층의 각질형성 세포가 겹겹이 쌓여 있어 표피의 구조에서 대부분을 존재하며, 살아 있는 유핵세포로 구성되어 표피의 골격을 형성하는 층이다. 표피의 면역기능을 담당하는 랑게르한스 세포가 존재한다. 이 층에서는 세포가 서로 접촉면적을 넓게 하여 서로가 지탱하게 되기 때문에 찌그러지는 모습을 모여 세포가 현미경으로 봤을 때 울퉁불퉁하고 뾰쪽한 상태로 되어 있다고 해서 가시가 가시층 또는 유극층이라고 합니다. 세포 사이사이에 조직액이 흘러 혈액 순환과 영양 공급에 관여한다.

③ 과립층

과립층에는 각화가 형성되는 층입니다. 지질 성분이 함유된 층판과립(lamellar granule)과 단백질이 들어간 각화유리질과립(Keratohyaline granule)들이 세포 내에 생기면서 과립이 많이 함유된 세포라고 해서 과립층이라고 한다. 과립층 안에 층판과립은 세포 안에서 밖으로 나가 층판과립 안에 들어 있던 지질이 세포 밖으로 나오게 되어 각질층의 세포 사이에 존재하는 지질층인 세포 간 지질이 되는 것이다.

참고 **투명층**

무색무핵의 납작하고 투명한 2~3개 층의 상피 세포로 구성되어 주로 손바닥과 발바닥에 존재한다. 엘라이딘이라는 물질이 함유되어 투명하며, 빛과 수분을 차단하는 기능을 한다.

④ 각질층

각질층은 각질세포와 각질세포 사이에 지질로 구성되어 있으며 벽돌과 시멘트처럼 층층이 쌓여 있는 라멜라 구조를 형성한다. 기저층에서 생성된 각질형성세포가 각화 주기에 따라 딱딱하게 각화된 각질이 되는 층으로 약 10~20여 개의 층으로 되어 있다. 무핵의 각질층은 물리적인 자극에 의한 보호 기능과 함께 보습에 있어서도 매우 중요한 역할을 한다.

그림 4-2 표피구조

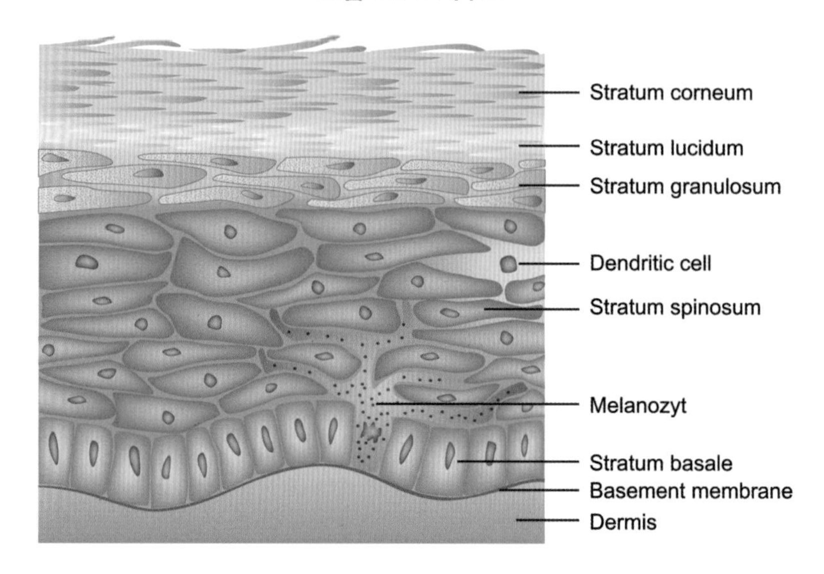

(2) 진피

진피는 표피 두께의 약 4mm 정도 되는 비교적 두꺼운 층으로 표피 바로 밑에 있다. 진피는 섬유아세포, 면역세포, 콜라겐, 엘라스틴과 같은 섬유와 세포 외 기질로 구성되어 있다. 진피는 피부의 대부분을 차지하는 치밀한 결합조직이라 할 수 있다. 유두층과 망상층으로 구분되지만 표피처럼 그 구분이 확실하지 않다. 유두층은 표피 쪽으로 융기되어 있는 부분으로 모세혈관과 신경종말, 림프관 등이 있다. 유두층에 있는 수많은 모세혈관은 기저층에 존재하는 표피 기저세포에 산소와 영양을 공급하여 각질형성 세포 분열을 촉진시킨다. 망상층에는 콜라겐, 엘라스틴, 뮤코다당류를 포함하고 있어 피부의 탄력과 수분을 유지시켜 주는 역할을 한다.

① 유두층

유두모양을 닮았다고 해서 유두층이다. 표피의 기저층과 맞닿아 있으며, 각 유두모양에 모세혈관과 미세림프관이 존재하여 이를 통해 기저층의 세포들이 산소와 영양분을 흡수하고 이산화탄소와 노폐물을 배출한다.

참고 진피표피경계부

진피표피경계부는 기저 막대(basement membrane zone)로 이루어지며 피부 부속기와 부속기주변 진피까지 연결된다. 진피표피경계부의 미세구조를 살펴보면 표피의 가장 아래쪽에서 진피부위 순으로 기저각질형성세포, 투명판, 기저판, 기저세포 원형질막과 기저판을 연결하는 섬유로 구성된다.

② 망상층

유두층 밑에 존재하는 층으로 콜라겐, 엘라스틴, 무코다당류로 구성되어 있는 층을 망상층이라고 한다.

그림 4-3 진피구조

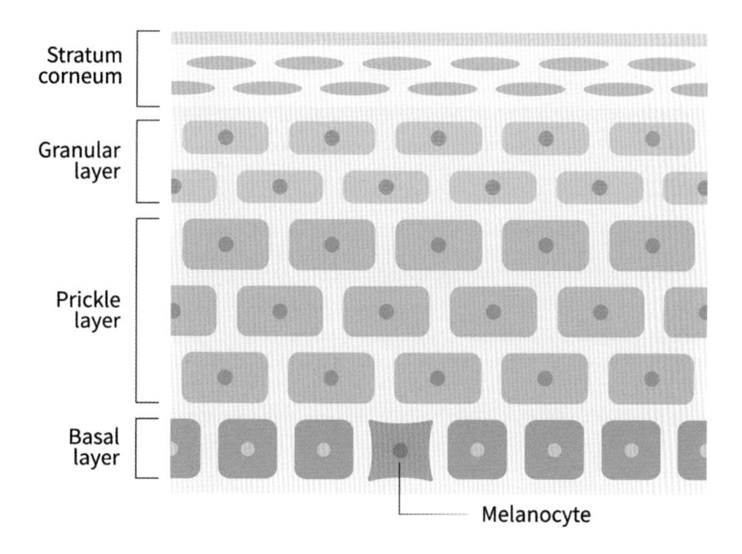

ⓐ 콜라겐 (Collgen, 교원섬유)

진피의 주요 성분으로 진피에서 수분을 빼고 난 뒤 진피의 약 70% 정도를 차지하는 주요 성분이다. 콜라겐은 수백 개의 아미노산들이 꼬여 3중 나선형 구조를 이루고 있으며, 진피 속에 그물망 네트워크를 만들어서 피부의 탄력을 유지해 주는 역할을 한다. 교원섬유인 콜레겐이 부족하게 되면 피부가 처지거나 주름이 생기게 된다.

ⓑ 엘라스틴 (Elastine, 탄력섬유)

엘라스틴 섬유는 고무줄같이 탄력이 있어서 콜라겐 섬유를 서로 사이사이 묶어서 연결해 주는 역할을 하는 탄력섬유이다. 수분을 제외한 진피의 5% 정도 차지하며 나이가 들면서 이것이 줄어들어서 탄력이 떨어지고 피부가 퍽퍽한 느낌과 주름이 생기는 원인이 된다.

ⓒ 무코다당류 (글리 코스 아미노 글루칸, Glycosaminoglycans, GAGs, 기질)

콜라겐 섬유와 엘라스틴 섬유를 제외하고 난 뒤 나머지 틈새 부분에는 수분을 잡아 주는 능력이 있는 젤리 같은 물질인 성분이 들어 있는데 이를 무코다당류라고 한다. 피부 내 수분 유지능력을 지진 물질이다. 이 무코다당류의 가장 대표적인 성분이 히알루론산으로서 자신의 분자량의 50~1,000배 정도의 수분을 끌어당겨 주는 역할을 한다. 히알루론산은 소의 수정체에서 처음 발견하였으며 다당류의 일종으로 진피에 있는 중요한 무코다당류로 알려져 있는 보습제이다. 진피에 있는 구성 성분으로서 파우더 상태를 기준으로 보았을 때 자체 무게의 50배 이상의 수분을 끌어당긴다.

③ 그 밖에 진피구성세포

ⓐ 섬유아세포 (Fibroblast)

진피의 결합조직 내에 널리 분포한다. 표피의 각질형성 세포와 진피의 콜라겐, 엘라스틴 같은 구조 물질을 합성한다.

그림 4-4 섬유아세포

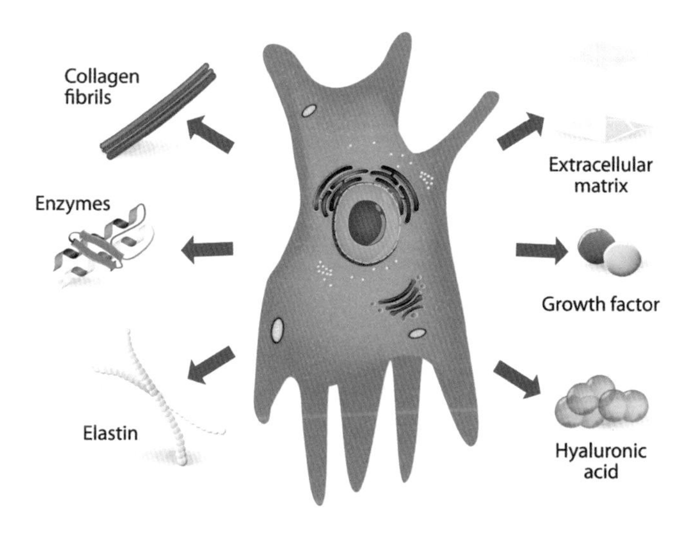

ⓑ 비만세포 (Mast Cell)

염증 매개물질인 히스타민과 헤파린 등을 함유한 과립을 갖고 있는 백혈구의 일종이다. 진피의 결합조직 내 분포하며, 특히 유두층 모세혈관 주위에 많이 분포한다. 비만세포는 알러지, 과민증을 매개하는 세포로 잘 알려져 있으며, 이외에도 상처 치유, 혈관 형성, 면역 관용, 병원체로부터의 방어 반응에도 중요한 역할을 한다.

그림 4-5 비만세포

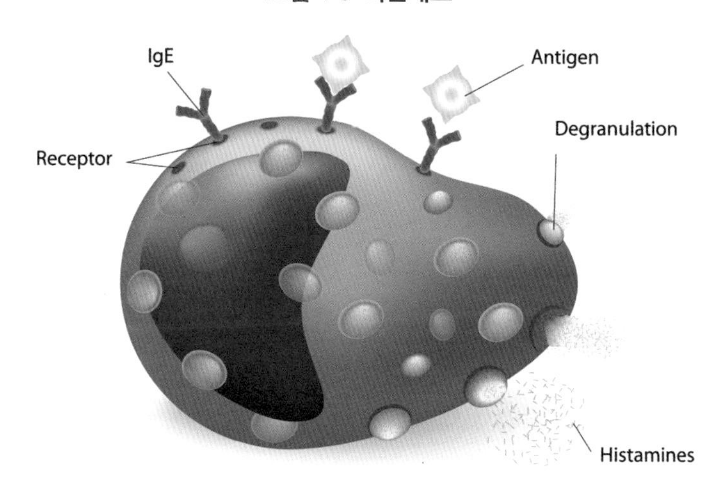

ⓒ 대식세포(Macrophage)

면역담당세포이다. 피부로 침입한 세균을 잡아서 소화하여 그에 대항하는 면역정보를 림프구에 전달하는 작용을 한다.

그림 4-6 대식세포

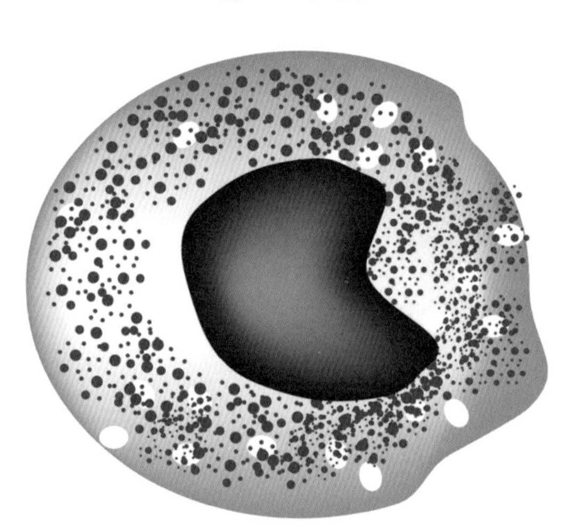

(3) 피하지방층

피부의 가장 아랫층에 존재하여 진피와 근육 및 골격 사이에 존재한다. 신체의 영양상태, 부위, 성별, 연령 등에 다양한 차이를 보인다. 외부자극으로부터 피부와 내부 기관을 보호하고 체온을 유지하며 과잉된 영양을 저장하는 역할을 한다.

2 피부의 생리적 기능

1) 피부 생리 기능

피부는 보호작용, 분비작용, 감각·지각작용, 체온조절작용, 호흡작용, 비타민 D 합성작용, 면역작용을 한다.

(1) 보호작용

① 물리적 보호막: 20여 층의 건강한 각질층은 외부의 물리적 자극으로부터 인체를 보호하는 작용을 한다.

② 화학적 보호막: 건강한 피부의 pH는 5.5~5.9인 약산성이다. 항시 약산성을 유지한다. 약산성 상태일 때 세균과 바이러스의 증식이 억제되고 화학적 자극으로부터 보호한다.

③ 자외선 차단 보호막: 멜라닌색소가 자외선으로부터 살아 있는 피부세포를 지키는 역할을 한다.

(2) 분비작용

일정량의 피지와 땀을 분비하는 작용을 말한다. 1일 피지분량은 전체적으로 1~2g으로 피지선을 통하여 만들어지고 모공을 통해 배출된다. 이 분비작용을 통해 피부는 피지막을 형성하고, 체온을 유지한다.

(3) 감각 · 지각작용

온각, 냉각, 통각, 촉각과 압각 등이 피부에 존재하여 이를 통해 자극을 신경에 전달한다. 이 감각 및 지각작용은 이물질이나 외부 자극을 감지하여 스스로 보호시스템을 만드는 데 사용된다.

(4) 체온조절작용

체온이 올라가면 열을 발산을 위해 혈관을 확장하게 된다. 이 때문에 피부는 홍조를 띄게 된다. 모공을 일시적으로 수축하거나 확장하므로 체온을 유지하게 된다.

(5) 비타민 D 합성작용

피부의 과립층에서 7-디하이드로 콜레스테롤로부터 자외선 중 UV B가 합쳐지면서 비타민 D가 합성된다. 비타민 D는 칼슘의 흡수를 촉진하고 인의 대사에 관여한다. 뼈의 발육을 돕고 노화를 예방한다. 특히 비타민 D가 부족하면, 피부상처의 재생이 더뎌지고, 각질 탈락이 잘 이루어지지 않아 건조하거나 민감한 피부가 되기도 하므로 매우 중요하다 할 수 있다.

(6) 호흡작용

피부는 약 1% 이하의 외호흡을 한다. 피부의 모세혈관을 통해 진피에서 영양과 산소, 면역물질을 놓고 피부에 쌓인 각종 노폐물과 유해 물질 교환을 순환, 반복한다.

(7) 면역작용

이물질이나 세균 등의 유해물질 침투 시, 대항하는 물질을 생성한다. 면역작용을 하는 세포들이 피부의 표피에 있어서 생체 방어 기전에 관여한다.

2) 피부 보호 기능

피부의 생리 기능 중 가장 중요한 것이 바로 보호 기능이다. 분비작용, 감각작용, 면역작용 등은 피부보호작용을 위해 진행되는 작용이라고 보면 된다.

또한, 비타민 D 합성작용, 호흡작용 등은 세포 대사에 관련되어 결국 피부에 건강하게 보호하기 위해 존재한다. 즉, 피부의 기능은 모두 피부 보호를 위해 존재하는 기능이다.

(1) 피부장벽

인체의 수분과 영양 성분이 피부 밖으로 빠져나가는 것을 조절하고, 외부로부터 세균이나 바이러스 같은 유해한 물질이 피부에 침투해 각종 질환을 일으키는 것을 막는 피부 본연의 보호 기능이다. 피부장벽은 각질세포, 세포 간 지질, N.M.F, 피지막으로 구성된다.

① 천연보습인자 (N.M.F Natural Moisturizing Factor)

피부 각질층 안팎에 존재하는 보습 성분으로 스펀지처럼 피부 속 수분을 머금으며 유지하는 역할을 한다. 다양한 외부 환경과 신체 변화, 그리고 노화로 인해 NMF가 부족해지면 피부 수분도가 감소한다. NMF의 감소는 다양한 피부 손상과 노화로 이어진다.

표 4-1 천연보습인자 구성성분 및 비율

구성성분	구성비율
아미노산	40%
피롤리돈카르복시 산(PCA)	12%
젖산염	12%
요소	7%
암모니아	1.5%
무기질 (Na, K, Ca, Mg, Cl 등)	18.5%
당류	9%

② 세포 간 지질 (Lipid)

각질층의 각질과 각질 사이를 탄탄히 붙여 놓는 시멘트의 역할을 하며 라멜라 구조를 가지고 있다. 수분의 증발을 막고 피부 안으로 유해 물질이 침투되는 것을 막아 피부를 보호해 주는 피부 장벽의 기능을 한다.

표 4-2 세포 간 지질 구성성분 및 비율

구성성분	구성비율
세라미이드	50%
유리지방산	20%
콜레스테롤에스테르	15%
콜레스테롤	10%
당지질	5%

그림 4-7 피부장벽

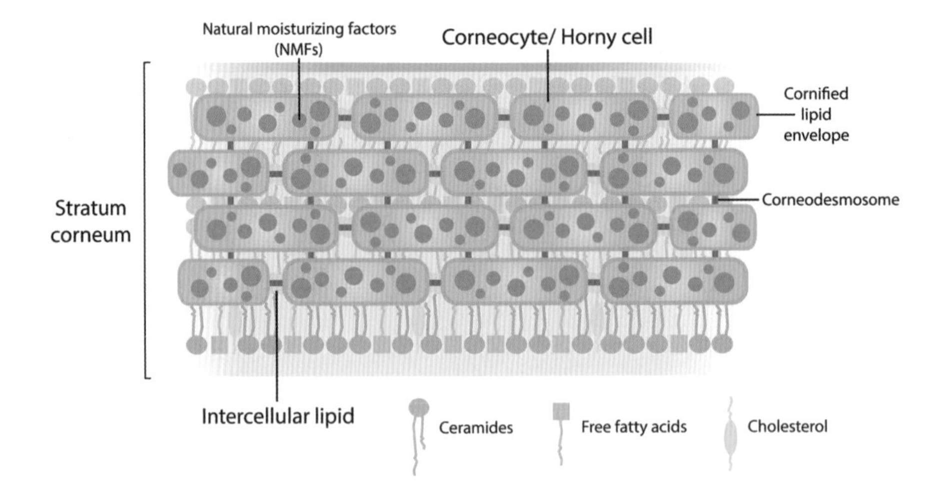

③ 피지막

피지샘에서 나오는 유분과 땀샘에서 나온 수분이 서로 섞여 자연적으로 형성된 천연 유화막으로 수분 증발을 막고 피부에 윤기와 매끄러움을 부여하여 피부를 보호한다. 피지선과 땀샘에서 나오는 분비물(지방산, 젖산, 아미노산, 수분 등)로 생성된 산성막(천연 보호막)이다. 수분 증발과 세균 번식 억제 등 외부 유해 환경으로부터 피부를 보호하는 중요한 기능을 한다.

참고 피지의 Ph

pH란 'Percentage of Hydrogen ions'의 약자이다. 건강한 피부의 pH는 5.5~5.9인 약산성이다.

3 문제성 피부별 홀리즘 관리 방법

1) 건조피부의 특징 및 홀리즘 관리 방법

그림 4-8 건조피부

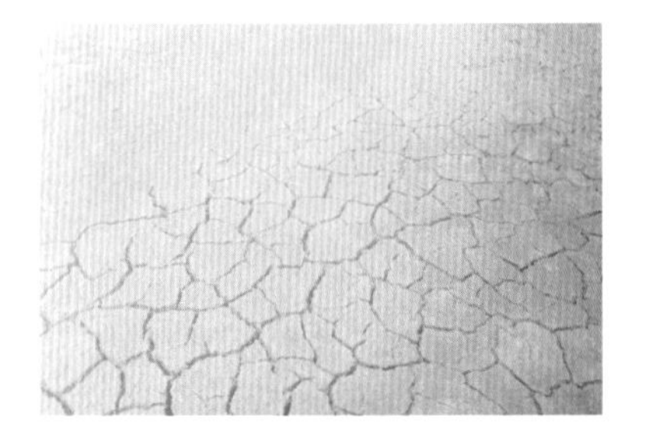

건강한 피부는 20~30%의 수분을 함유하고 있으며 이보다 수분이 적어지게 되면 건조해진다. 이러한 건성피부는 결과적으로 수분이 없는 상태를 의미하는 것이다. 표피의 각질세포의 각화작용이 원활하게 진행되지 않게 되면 각질세포가 제대로 형성되지 않게 되고, 세포 간 지질이 충분히 생성되지 않는다. 그렇게 되면 물리적 보호막이 형성되지 않게 되고 피부 내부 수분도 증발하여 더 많은 수분이 고갈되게 한다. 또한, 땀샘과 피지선의 기능이 저하되거나 환경과 잘못된 라이프 스타일에 의해 피부 세포가 지닌 수분량의 부족으로 진행되며, 이로 인해 피부가 예민해지고 조기 노화로 발전될 수 있다.

초기 증상으로 세안 후 얼굴이 전체적으로 땅기면 건조를 느끼게 되며, 마른 각질이 많이 생겨난다. 유분과 수분이 부족해지면서 피부가 거칠어지고 화장이 잘 받지 않는다. 수분 부족으로 각질탈락과 당기는 증상이 심하며, 눈 밑, 뺨, 턱, 입가의 피부가 늘어지고 얼굴에 잔주름이 쉽게 형성된다. 당김 현상은 표면에서 내부로 점점 심하게 느껴지게 된다. 피부 보호막이 형성이 안 된 피부이므로 알레르기 증상이나 가려운 소양감을 동반한 민감피부가 되거나 노화피부가 되기 쉽다.

(1) 주요 원인

건조피부의 주요인으로는 부족한 수분 섭취, 강력한 자외선, 심한 실내 건조, 자극적인 세안, 과도한 사우나, 무리한 다이어트 등으로 말할 수 있다. 하지만, 근본적 원인은 피부가 스스로 지킬 수 있는 보호막의 힘이 없어졌기 때문이다. 즉, 피부 스스로 건강한 각질형성세포를 원활하게 재생하고 그로 인해 각화작용이 잘 이루어지면 피부 표면에 건강한 각질들과 세포 간 지질 형성이 커지게 된다.

(2) 일반 케어 방법

우선 건조피부는 보호막을 자극을 최소화하는 것이 중요하다. 피부 세포 간 지질을 녹일 수 있는 자극적인 클렌징을 삼가하는 것이 좋다. 과도한 클렌징이나 자극적 클렌징은 세포 간 지질을 녹여 피부 장벽을 파괴한다. 건조한 환경을 피해 주어야 한다. 실내의 난방이나 냉방은 건조한 공기를 형성해 피부내 수분을 탈취하는 역할을 한다.

(3) 홀리즘 솔루션

① 피부장벽 강화

피부가 하는 가장 중요한 기능인 보호기능이 저하되면 1차적으로 나타나는 문제가 바로 건조해지는 것이다. 이것을 방어하기 위해 우리는 피부 장벽을 강화시켜야 한다.

ⓐ 피지막 강화

ⓑ 천연보습인자 강화

ⓒ 세포 간 지질 강화

⇒ 건강한 각질이 각질층에 많아지게 되면 피부 장벽도 탄탄하게 된다. 건강한 각질이 잘 생성되면 각질 형성세포가 각화작용이 잘 이루어져야 한다.

② 각화주기 회복

표피는 기저층에 각질형성세포가 분열을 하여 새로운 세포를 만든 후 기저층, 유극층, 과립층으로 형태적 변화를 거쳐 각질층에 도달하며 이러한 표피세포의 분화과정을 각질화과정, 각화과정이라고 한다. 각질형성세포는 기저층에서 세포분열을 통해 지속해서 세포가 만들어지고 최외층의 각질층까지 세포 교체가 되는데, 이 주기가 대략적으로 4주일이다. 기저층에서 각질층까지 올라가는데 평균 14일, 각질층에서 20여 층을 각질층을 지난 탈락하는 과정이 14일 정도로 평균적으로 건강한 각화작용주기를 28일이라고 한다. 이 각화작용주기는 나이가 들어가거나, 내, 외부 환경에 따라 세포 재생이 안 되면서 새로운 각질형성세포가 생성이 안 되므로 더 길어지게 된다. 그러면 각질층이 두꺼워지고 오래전에 생성된 각질들이 계속 붙어 있기 때문에 피부가 칙칙하고 어두워 보이게 된다. 기저층에서 만들어지는 각질형성세포는 각질층에서 제대로 탈락되지 않게 되면 각질이 뭉치게 되어 비듬 또는 하얗게 일어나는 등 육안으로 보이게 된다. 이런 각질이 탈락되지 않고 계속 붙어 있게 되면 각질 내 수분은 더욱 증발하게 되고, 공기 중 먼지와 더 많이 접촉하여 피부는 더욱 칙칙해진다.

또한, 앞에서 언급했듯이 각화작용이 진행되면서 과립층 안에 층판과립은 세포 안에서 밖으로 나가 층판과립 안에 들어 있던 지질이 세포 밖으로 나오게 되어 각질층의 세포 사이에 존재하는 지질층인 세포 간 지질이 되는 것이므로 정상적인 각화작용은 피부 장벽 회복에 가장 중요한 요인이 되는 것이다.

그림 4-9 피부 각화주기

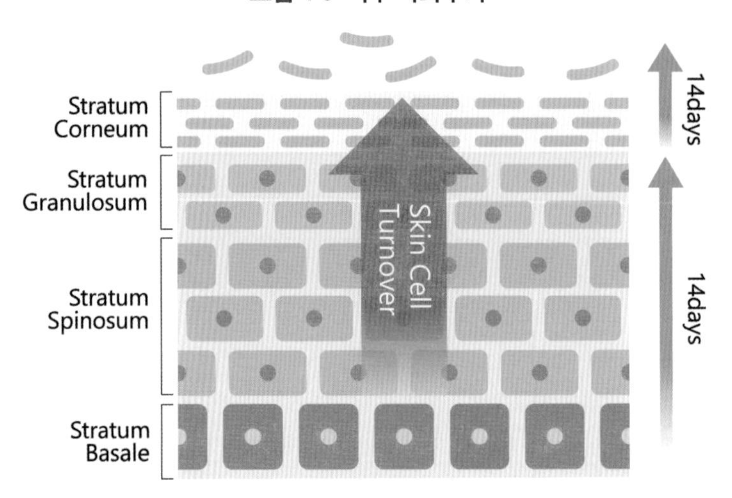

③ 진피수분보강

진피는 물의 피부 저장고라고 할 만큼 피부 수분에 주요한 역할을 하게 된다. 표피의 피부 장벽의 파괴는 피부 내부의 수분을 증발시키고 진피수분도 결국 증발시키게 된다. 특히, 진피에는 수분을 끌어당기고 있는 무코다당류나 콜라겐이 진피 내 수분을 관장하게 하는데 이를 만들어 내는 섬유아세포의 수가 나이가 들수록 줄어들게 되므로 나이가 들수록 피부 속 건조를 느끼게 된다.

홀리즘테라피 솔루션 제안

2) 민감피부의 특징 및 홀리즘 관리 방법

민감성 피부는 외부자극에 민감한 피부를 말한다. 피지분비와 무관하게 나타나며 외부의 자극물질이나 알레르기 물질, 환경변화나 인체 내부의 원인에 대해 정상 피부보다 더욱 민감하게 반응하여 자극반응이나 피부염을 잘 일으키는 피부를 말한다. 민감피부는 표피의 각화과정이 정상보다 빨리 피부 조직이 정상 이상으로 섬세하고 얇아져 있어, 외부 환경적 자극을 쉽게 반응을 보인다고 할 수 있다.

민감피부는 건성피부에서 발생되기 쉬운 피부유형으로 피부 보호막이 약해진 상태이다. 피부 조직이 얇고 섬세하며, 모공이 거의 보이지 않는다. 온도, 햇빛, 오염물질, 기후 조건 등에 의해 얼굴이 쉽게 달아오르는 열감이나 붉어지는 홍조나 홍반이 일상적으로 동반된다. 피부 장벽의 손상으로 표피의 수분 부족현상이 일어나게 되어 각질이 생기며, 피부가 칙칙해 보이고 부분적으로 가려움증과 피부가 당기는 현상들이 일어난다. 피부 보호막이 얇기 때문에 자외선 투과율이 높아 과색소 침착도 생기기 쉽다. 피부가 얇아 모세혈관 확장이 피부에 늘어나며, 염증성 병변이 생기기 쉽다.

그림 4-10 민감피부

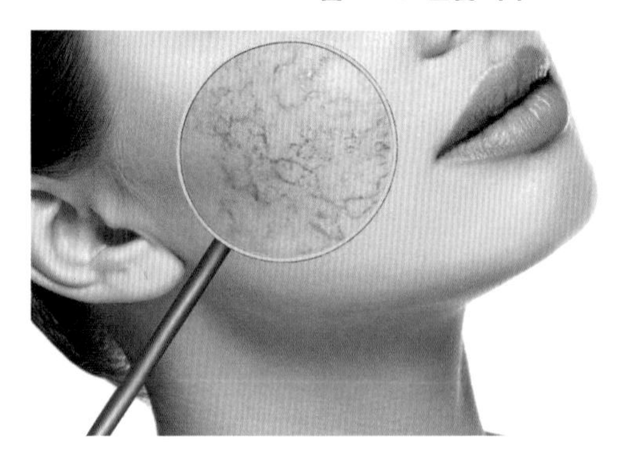

(1) 주요 원인

민감피부의 주요 원인은 스트레스, 불면 등과 함께 외부적 원인으로, 물리적 자극, 급격한 온도에 대한 자극, 동상이나 선번의 극단적 환경의 노출, 자극적 음식 섭취 등이 있는데, 그중 가장 큰 자극 중 하나가 잘못 선택한 화장품이나 관리이다. 화장품은 피부에 직접 닿기 때문에 피부 상태에 직접적으로 영향을 미칠 수 있으며 화장품을 사용하는 종류나 자극도에 따라 민감한 피부 상태를 더욱 악화시킬 수 있다. 특히, 피부타입에 맞지 않은 과도한 물리적 자극 외, 화장품 성분에 의해 화학적 자극이나 잘못된 관리법은 도움은커녕 오히려 해가 되는 원인 등으로 원인이 되어 피부는 민감해질 수 있다. 이런 외부적 원인 외에도 신경감각의 입력신호가 정상피부와 다르게 예민하게 반응하므로 증가하거나 면역 반응이 증가하는 경우에 피부는 더욱 민감해진다. 피부 장벽이 무너져서 외부자극을 더 예민하게 받아들일 수 있다.

(2) 면역 메카니즘

인체는 선천적 면역과 후천적 면역으로 나뉜다. 선천적 면역은 상황별 반응하는 면역체계를 말하고 후천적 면역은 자극을 기억했다가 반응하는 알레르기 등을 말한다.

① 면역시스템

ⓐ 선천적 면역체계

선천적 면역체계를 1차 면역 시스템이라고 한다. 외부 자극(세균, 물리적 자극)을 받게 되면 표피의 랑겔한스가 인식하게 되어 외부 자극의 침입을 대식세포에 이를 알리고 대식세포가 식균작용으로 외부 자극을 제거하는 것이다.

ⓑ 후천적 면역체계

후천적 면역체계를 2차 면역시스템이라고 하고 면역세포인 림프세포들에 의해 형성된다. 이 면역체계는 항원, 항체를 형성하여 항원에 의해 반복적으로 면역 반응을 일으키는 것을 말한다.

② 염증반응

자극을 받게 되면 대식세포가 자극 부위에 집중하는 과정에서 혈관확장이 발생하고, 면역세포가 외부자극을 공격하는 과정에서 주변 조직이 파괴되고 염증이 발생하게 된다.

앞서 말한 외부적 원인 외에 신경감각의 입력신호가 정상피부와 다르게 예민하게 반응하게 되면 이 염증반응 또한 자주 발생하게 되는 것이다.

(3) 일반케어 방법

우선 외부자극을 최소화하는 것이 중요하다. 심한 온도 차이를 피하고 사우나, 찜질, 강력한 효능의 화장품 사용 등 피부를 자극하는 자극인자를 최대한 멀리한다. 피부 수분증발을 억제하기 위해 유수분발란스에 맞는 크림류를 사용한다. 자극적인 클렌징이나 방법을 피하고 저자극 클렌징을 사용한다. 피부에 진정에 특히 중요한 수분과 유분을 공급해 준다.

(4) 홀리즘 솔루션

① 피부장벽 강화

피부 장벽이 약화되면 외부 자극이 잘 침투하지 못하기 때문에 장벽을 강화시켜 주는 것이 매우 중요하다. 앞서 건조피부 홀리즘 관점의 솔루션에서 언급했듯이 피지막 강화, 천연보습인자 강화, 세포 간 지질의 강화가 중요하다. 최외각의 방어막을 잘 지켜 그 다음 피부 내부의 염증 케어를 해 주어야 2차적 자극을 방어하면서 염증을 케어해 주는 것이 더 효과적이다.

② 염증케어

외부자극을 받으면 피부는 면역시스템을 작동하게 되는데 면역세포들은 혈관확장과 함께 외부자극으로부터 상처를 받은 부위로 이동하게 된다. 이 과정에서 혈관이 확장되고, 온도가 상승하게 된다. 면역세포가 외부자극을 공격하는 과정에서 발생하는 염증을 빠르게 케어 하는 것이 중요하다. 가장 먼저 해야 하는 것이 온도를 낮추고, 그로 인해 혈관확장을 수축시키는 것이다. 빠르게 염증을 억제할수록 피부는 정상적인 기능을 회복하기 쉽다.

홀리즘테라피 솔루션 제안

3) 색소피부의 특징 및 홀리즘 관리 방법

색소는 피부를 자외선으로 보호하기 위해 존재하는 것이다. 하지만, 균일하게 피부 색소가 형성되지 않으므로 미용적으로 아름답지 않음을 느낄 수 있다. 피부 장벽이 깨지면 자외선의 투과율이 건강한 피부보다 깊숙하게 되어, 피부는 과색소를 형성하게 된다. 자외선는 피부를 노화시키고 심하면 피부암을 일으키는 주범이므로 색소의 균일한 관리는 미용적일 뿐 아니라, 건강에서도 매우 중요하다 할 수 있다.

그림 4-11 색소피부

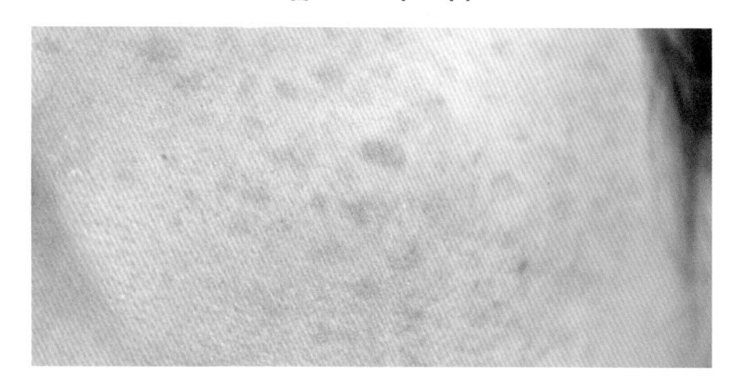

(1) 멜라닌 색소

멜라닌은 피부 속에 존재하는 갈색 또는 흑색을 띄는 고분자 색소를 말한다. 표피의 기저층의 멜라노사이트에서 만들어지는 색소로 피부색뿐만 아니라 눈동자, 털, 머리카락 등의 색깔에 영향을 준다. 멜라닌은 피부 각질층에 분포하면서 자외선으로부터 피부를 보호하는 것이다. 빛을 흡수하는 성질로 자외선을 흡수하거나 산란시켜 피부 내 세포나 조직이 상해를 입는 것을 막는다. 자외선은 피부에 흡수되면 활성산소를 발생시키고, 피부세포를 파괴하여 노화를 일으킨다. 그러므로, 멜라닌 색소는 피부를 방어하는 기전에서 가장 중요하다고 할 수 있다. 하지만, 우리 신체의 대사활동이 제대로 일어나지 않으므로 멜라닌이 한쪽에서만 과잉으로 일어나며, 다른 부위에서는 제대로 색소가 형성되지 않아 자외선이 파괴는 불균형이 일어나게 된다. 이런 불균형을 다루어서 피부를 균일하고 깨끗하게 만드는 것이 중요하다.

(2) 멜라닌 색소 생성과정

멜라닌 색소는 멜라닌세포(Melanocyte)에 의해 만들어진다. 멜라닌 형성세포는 기저층에 존재하며 멜라닌이 생성되면 생성된 멜라닌을 각질형성 세포에게 전달하게 되고, 멜라닌을 받은 각질형성 세포는 각화주기에 맞춰서 멜라닌 색소를 가지고 각질에 의해 색소가 확산된다.

그림 4-12 멜라닌 색소 생성과정

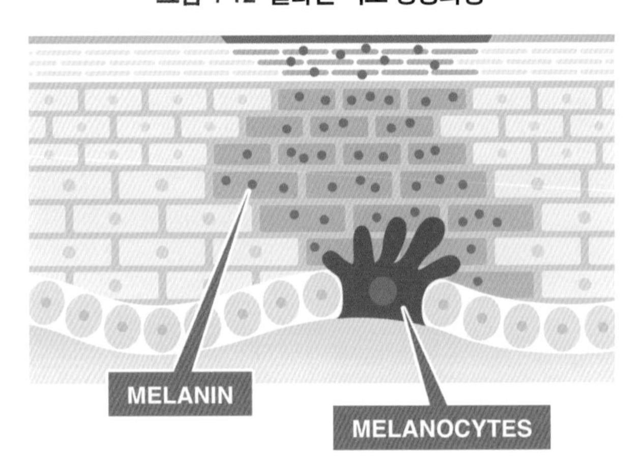

(3) 홀리즘 솔루션

과색소를 케어하는 법은 많은 방법이 있다. 우선 착색된 멜라닌의 역할은 피부 각질층에서 박리하는 방법이다. 물리적 박리나 화학적 박리를 사용할 수 있으나 피부가 얇아질 수 있으므로 피부타입이나 환경에 따라서 회수를 제안해야 한다. 또, 멜라닌 색소 생성을 억제하는 것이다. 하지만, 앞에서도 분포하면서 자외선으로부터 피부를 보호하는 것이다. 과도하게 멜라닌 색소 생성을 막게 되면 피부 보호의 불균형이 일어날 수 있다. 즉, 피부를 보호해 주는 피부 장벽이 건강하면 자외선을 막아 낼 수 있는 능력도 높아질 수 있다. 건강한 피부장벽을 생성하기 위해 대사과정이 매우 중요하다. 진피의 유두층의 모세혈관을 통해 영양과 산소를 공급받아 건강한 세포가 생성되게 되면 건강한 피부 장벽이 고르게 형성되므로 자외선 산란능력도 고르게 분포하게 되고, 자외선이 과투과되어 세포를 파괴하거나 국소적으로 멜라닌색소를 형성하여 아름답지 못하게 만드는 것도 예방할 수 있다. 얼룩덜룩 피부가 색소가 불균형하다고 해서 단순하게 제거하는 방법만을 찾는 것이 아니라 근본적인 해결책을 찾아보는 것이 중요하다.

홀리즘테라피 솔루션 제안

4) 노화피부의 특징 및 홀리즘 관리 방법

그림 4-13 노화피부

노화란 나이가 들면서 점진적으로 일어나는 퇴행성 변화로 기능적, 구조적 변화가 일어나는 현상으로 피부 노화는 땀샘과 피지 샘의 감소, 색소 침착(기미 등 발생), 콜라겐과 엘라스틴의 변성 및 탄력 감소 등의 현상이 나타난다. 즉, 노화란 모든 기능이 떨어지는 것을 말한다.

노화피부의 특징은 생리학적 기능의 저하를 뜻하며, 동시에 피지와 땀의 분비가 감소하게 되고, 신진대사의 둔화로 피부 세포(표피의 각질형성세포나 진피의 섬유아세포)가 제대로 생성되지 못하게 되므로 피부의 표면 건조와 더불어 심층 건조까지 유발되게 된다. 특히, 여성의 경우 폐경 이후 여성호르몬 생성이 감소하면서 피부의 지질 성분이 급격하게 떨어지게 되어 건조해지고, 탄력도 떨어지게 된다. 면역세포도 줄어들어 면역시스템에게도 영향을 미치므로 면역력 또한 떨어지게 된다. 항산화 능력이 감소하고, 세포의 생성은 줄어드는 반면, 파괴는 급격해져 콜라겐과 엘라스틴이 감소해 얼굴 전체의 잔주름 및 굵은 주름이 형성된다. 대사의 둔화는 색소에도 영향을 미치는데 멜라닌 세포의 기능 약화로 과색소침착이나 저색소침착을 발생시킨다.

(1) 주요 원인

노화의 원인에는 내적원인과 외적원인으로 나누어서 설명할 수 있다.

① 내적원인

내적요인의 가장 큰 것은 바로 나이가 들어가는 생물학적 노화를 말할 수 있다. 즉, 모든 세포의 생성의 속도보다 파괴의 속도가 더 높아짐에 따라 주름이 생기고, 탄력이 떨어지는 현상이 일어난다. 신진대사가 활발하지 못하므로 새로운 세포의 생성이 줄어드는 것이다. 즉, 대사의 저하는 혈액 순환의 저하를 가져오고, 세포가 혈액을 통해 산소와 영양분을 공급받지 못하게 되므로 새로운 세포의 생성이 줄어드는 것이다. 이런 노화를 개인적 차이가 나게 하는 것이 바로 유전이다. 유전에 따라 이런 노화의 속도가 차이가 날 수 있다. 특히, 진피조직의 엘라스틴, 콜라겐, 무코다당류(기질, 초질)들이 감소하게 되면서 주름이 형성되고 탄력이 저하된다. 엘라스틴, 콜라겐, 무코다당류를 생성하는 섬유아세포의 생성이 둔화되고, 파괴가 촉진되는 것이 가장 직접적인 내적원인이라고 할 수 있다.

② 외적원인

외적원인은 내적원인을 제외한 환경적인 요인이다. 가장 대표적인 것이 자외선이다. 자외선은 태양광선 중 가장 파장이 높은 광선으로 세포를 파괴하는 에너지가 매우 높다고 할 수 있다. 또한, 원활하지 못한 대사작용에서도 활성산소가 형성되어 노화를 촉진시킬 수 있지만, 자외선 또한 활성산소를 활성화시킨다. 더불어, 피부의 열을 발생시킬 수 있는데, 앞에서 언급한 염증을 더욱 촉진시키는 요인이 되므로 민감도 동반하다고 할 수 있다. 또한, 이런 외적원인을 더욱 활발하게 증가시켜 주는 것이 잘못된 라이프 스타일과 식습관이다. 잘못된 라이프 스타일로 밤낮이 바뀌거나 하면, 자율신경계가 이상이 생기게 된다. 자율신경계 중 앞서 언급한 교감신경은 혈관의 순환을 관장하는 신경이다. 라이프스타일의 불균형은 자율신경계의 불균형을 초래하여 교감신경을 계속 긴장시켜 모세혈관의 순환을 저하시킨다. 이로 인하여 대사 둔화까지 초래하게 된다.

(2) 관리 방법

노화 촉진의 가장 대표적인 외적원인인 자외선을 차단하는 것이 무척 중요하다. 자외선은 피부에 의해 인식되기도 하지만, 시신경에 의해 인지되어 뇌하수체 후엽의 멜라닌 자극호르몬을 촉진시키기도 한다. 자외선을 차단하기 위해 차단성분이 들어 있는 화장품을 사용하거나, 자외선에 의해 발생되는 활성산소를 억제하는 항산화성분이 풍부하게 함유된 제품으로 관리하는 것이 좋다. 또한 감소되는 탄력과 보습을 위해 콜라겐, NMF, 각종 영양성분이 함유된 영양 제품이나 히알루론산 등 고보습제가 함유된 제품을 사용하여 보습과 영양관리를 해 주어야 한다. 규칙적인 생활, 영양을 충분히 공급할 바른 식습관, 적당한 운동을 꾸준하게 해 주는 것이 중요하다.

(3) 홀리즘 솔루션

① 피부장벽 강화

노화피부의 시작은 최외각장벽의 손상에 의해 수분증발과 외부자극 침투로 인해 시작된다. 그러므로 1차적으로 피부장벽강화가 중요하고, 피부장벽을 강화하기 위해 근본적으로 각화주기 회복시켜 주는 것이 중요하다. 나이가 들수록 각질형성세포의 재생속도가 떨어지므로 각화주기가 늘어난다. 늘어난 각화주기 때문에 건강한 각질세포가 형성이 부족하므로 피부는 최외각의 보호기능을 못하게 된다. 그러므로, 표피성 건조가 발생하고, 표피성 건조가 장기화되면 진피성 건조까지 발전하게 되어 노화를 촉진시킨다. 결론적으로 건강한 각질형성세포의 생성이 원활하게 할 수 있도록 도와주는 것이 매우 중요하다.

② 염증케어

노화피부는 외부자극에 방어할 능력이 떨어지고 앞서 언급했듯이 면역세포 감소하고, 외부자극에 대한 면역시스템을 원활하게 가동시키지 못하게 되므로 피부 노화를 급격화시킨다. 그래서, 피부 내부의 염증이 생기지 않도록 지속관리 해 주는 것이 중요하다. 염증이 발생하는 경우, 피부의 열감 등이 발생하므로 피부의 열감을 제거하며, 진정시켜 주는 염증케어를 진행하는 것도 노화피부에 중요한 홀리즘 케어이다.

③ 섬유아세포 생성촉진

주름과 탄력에 직접적인 영향을 미치는 콜라겐, 엘라스틴, 무코다당류를 생성하는 섬유아세포를 증대시켜 주름개선과 탄력증진을 케어해 주는 것이 중요하다.

④ 혈액 순환촉진

앞서 언급한 주요 원인에서 내적노화와 외부 스트레스로 인하여 혈액 순환의 둔화가 일어나게 되며, 이런 혈액 순환의 둔화는 피부 세포(각질형성세포와 섬유아세포)에 영양과 산소를 원활하게 공급하지 못하게 된다. 그러므로, 모세혈관 순환이 매우 중요하다고 할 수 있다. 세동맥으로 공급받는 영양과 산소가 충분히 각질형성세포와 섬유아세포에 충분히 전달되었을 때 생성이 증가하므로 노화의 근원적인 솔루션을 제시할 수 있다.

5) 메디컬 시술 후 관리에 대한 홀리즘 관리 방법

(1) 노화관리의 메디컬요법과 홀리즘 케어

최근 노화관리의 메디컬솔루션으로 많이 시행하고 있는 MTS, 레이저 시술 등이 있다. 이들은 피부에 자극을 주어 피부가 스스로 재건하게 하게 도와주는 메디컬 요법이다. 피부관리실이나 홈케어로 많이 사용하는 MTS에 대한 피부 기전과 관련하여 이런 메디컬 요법을 시행했을 때 홀리즘 케어 시 주의사항을 살펴보자.

① MTS 정의

MTS는 마이크로니들 테라피 시스템(Micronneedle Therapy System)을 말하는 것으로 미세한 마이크로 니들, 즉, 바늘을 이용하는 치료 시스템이다. 미세 바늘로 피부에 임의적 상처를 내어 피부스스로가 콜라겐을 생성을 유도할 수 있도록 하는 방법이다. 피부관리실이나 홈케어로는 의료용과 달리 0.25mm의 니들을 사용한다.

그림 4-14 MTS

② MTS 피부 재건 기전

MTS는 미세 바늘을 이용하여 피부에 임의적으로 천공을 내게 되면 피부는 외부자극을 받은 것으로 인식하여 혈액을 촉진시키고, 면역시스템에 의해 염증이 발생하게 된다. 면역세포에 의해 24시간 이내에 초기염증이 발생하게 되고, 48시간 이내에 후기 염증이 발생한다. 그후 78시간이 되면 파괴된 조직을 제거하기 위해 섬유아세포를 증진시킨다. 즉, 한 달 내에 피부 조직이 재건된다. 기존의 병원에서 시행되는 레이저 시술로 같은 메커니즘으로 피부 재생 기전을 실현한다.

③ MTS 피부 재건 기전에서의 홀리즘 케어

앞서 언급했듯이 MTS는 임의적 상처를 내어 섬유아세포의 생성을 자극하는 시스템이다. 빠른 효과로 현대 고객의 니즈에 잘 맞는 프로그램이나 상처를 주므로 염증을 동반하는 것을 기억해야 한다. 염증이 내포하는 것으로 피부 조직의 방어막이 깨져 있는 상태이므로 시술 후 외부 자극에 더욱 민감해 진다. 그러므로 빠르게 염증케어를 같이 해 주는 것이 홀리즘 케어에서 가장 먼저 해야 하는 케어이다. 염증케어를 오래 놔 두게 되면 조직 손상이 더 심하게 일어나게 된다. 민감피부 홀리즘 솔루션에서 언급되었던 염증케어와 장벽강화는 피부에 난 임의적 상처를 빠르게 케어 하는 방법이다.

홀리즘테라피 솔루션 제안

Chapter 05

바른호흡테라피

1 해부생리학적 의미의 호흡

1) 호흡의 정의

호흡(respiration)은 모든 생물에서 영양물질을 산화시켜 에너지를 얻는 대사과정을 말한다. 일반적으로 호흡은 숨을 쉬는 것으로 이해하고 있다. 숨을 들이쉴 때마다 산소를 섭취하고, 내쉴 때마다 이산화탄소를 배출한다. 이처럼 외부 환경으로부터 산소를 섭취하고 이산화탄소를 배출하는 물리적 과정은 생리학적 또는 거시적인 의미의 호흡으로 폐호흡을 말한다. 또, 생화학적 또는 미시적인 의미의 호흡은 생물의 세포가 영양물질을 물과 이산화탄소로 산화시켜 에너지를 얻는 화학적 과정이며 세포호흡을 말한다.

(1) 외호흡(생리학적 호흡, 거시적인 호흡)

혈액이 폐포의 모세혈관을 지날 때 폐포와 모세혈관 사이에서 일어나는 기체교환으로 산소는 폐포에서 모세 혈관 쪽으로 이산화탄소는 모세혈관에서 폐포 쪽으로 이동한다. 흔히, 폐호흡이라고 한다.

(2) 내호흡(생화학적 호흡, 미시적 호흡)

산소를 품은 혈액이 조직세포를 지날 때 모세혈관과 조직세포 사이에서 일어나는 기체교환이다. 산소는 온 몸의 모세혈관에서 조직세포 쪽으로 이동하고, 이산화탄소는 조직세포에서 모세혈관 쪽으로 이동한다. 체호흡이라고 한다.

(3) 세포호흡

공기를 들이마시고 내쉬는 숨쉬기를 통하여 몸속으로 들어온 산소는 조직세포에서 영양소와 반응하여 이산화탄소와 물로 분해되면서 에너지를 발생하는데, 이 과정을 세포호흡이라고 한다.

세포 내 미토콘드리아에서 세포호흡이 일어난다. 이를 통해 세포는 에너지를 발생시킨다. 세포호흡은 포도당을 비롯한 유기물 형태의 에너지원을 전자전달계를 통해 산화되면서 세포에서 사용할 수 있는 에너지 형태인 ATP를 생산하는 과정을 말한다. 이런 에너지 생성을 통해 인체는 대사활동을 진행하게 된다.

즉, 소화계를 통해 소화 흡수된 영양소는 순환계(혈액 순환)를 통해 조직세포로 이동하여 세포호흡에 쓰인다. 산소는 호흡계를 통해 흡수된 후 순환계(혈액 순환)를 통해 조직세포로 이동하여 세포호흡에 쓰인다. 이로 인해 세포호흡이 진행된다. 호흡은 에너지를 만드는 가장 기본이라고 할 수 있다. 이 에너지는 체온유지, 생장, 근육 운동, 소리내기, 두뇌활동 등 생명활동에 사용된다. 즉 호흡은 살아가는 데 필요한 에너지를 얻는 것으로 생존의 시작점이라고 할 수 있다.

참고 소화계와 순환계

1) 소화계

영양소를 소화하고 흡수하는 역할을 담당한다. 소화는 흡수하기 적합하도록 음식물을 아주 작은 조각으로 부수는 과정을 말한다. 소화는 소화관에서 일어난다. 흡수는 소화의 최종 물질이 체내의 구석구석으로 공급될 수 있게 소화관벽 속에 있는 혈관으로 들어가는 과정이다.

2) 순환계

소화 기관이 모여 이루어진 기관계로, 혈액 또는 림프액을 유통시켜 외부에서 섭취한 영양분이나 체내에 생긴 호르몬 등을 몸의 각 부위로 배포하고 가스 교환, 노폐물 배출 등을 담당하는 계. 따라서 이 계는 체내의 모든 세포와 밀접한 관계를 갖고 각 기능에 중요한 영향을 미친다. 척추동물에서 순환계는 혈관계와 림프계로 분류된다.

2 호흡계

세포의 호흡에 필요한 산소를 공기 중에서 흡수하고, 세포의 호흡 결과 발생한 이산화탄소를 몸 밖으로 내보내는 역할을 담당하는 기관계이다. 호흡계는 코, 기관, 기관지, 폐와 같은 호흡 기관이 모여 이루어진다.

1) 호흡계 구조

① 코

외부에서 공기가 들어오는 통로로 몸밖에서 들어온 공기는 콧속을 지나는 동안 온도와 습도가 알맞게 조절된다. 안쪽의 털과 점액이 공기 중의 먼지 등을 걸러 낸다.

② 인두

인두 혹은 인후는 구강의 뒤쪽에 있고 코 안과 후두 사이에 있다. 구강 인두와 후두 인두는 소화기계와 호흡기계의 부분이며, 음식과 공기가 통과하는 통로로서 기능한다.

③ 후두

후두 또는 소리상자라 한다. 숨쉬는 동안 공기의 통로로 활동하며, 소리와 목소리를 내고, 음식과 다른 이물이 기관으로 들어가는 것을 막는다.

④ 기관

목구멍에서 폐까지 이어진 공기 통로를 말한다. 기관 안쪽 벽에 섬모와 점액이 있어 공기 중의 세균 및 이물질을 거른다.

⑤ 기관지

기관에서 나누어져 좌우의 폐로 들어가며, 폐 속에서 더 잘게 나누어져 그 끝이 폐포와 연결된다.

⑥ 폐

가슴 좌우에 한 개씩 있다. 폐는 가로막과 갈비뼈로 둘러싸인 흉강에 들어 있다. 그러므로 갈비뼈가 외부의 충격으로 폐를 보호한다. 폐는 수많은 폐포로 이루어진다.

ⓐ 폐포: 폐포는 한 겹의 얇은 세포 층으로 이루어진 작은 공기주머니로 표면이 모세 혈관으로 둘러싸여 있다. 폐포와 모세 혈관 사이에서 산소와 이산화탄소의 기체 교환이 일어난다. 폐 전체에 약 3~4억 개가 있어서 폐가 공기와 접촉하는 표면적을 넓혀 주므로 기체 교환이 효율적으로 일어나게 한다.

그림 5-1 호흡계

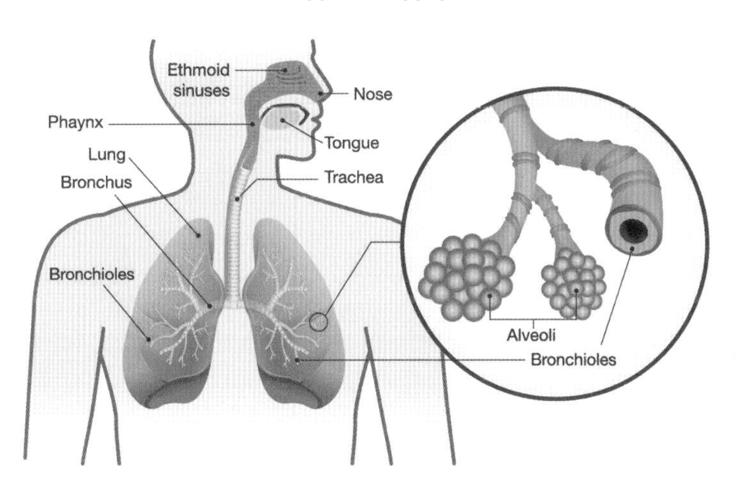

2) 호흡운동

폐를 부풀게 하거나 수축시켜 그 속의 공기를 바꿔 넣는 운동이다.

① 흡기(들숨): 흡기 시에는 횡격막이 수축·하강하면 흉강은 아래쪽으로 늘어나고, 동시에 늑골이 외늑간근과 늑연골간근의 수축에 의해 올라가며 흉강은 전방 및 옆으로 넓어져 흉곽이 늘어나고 폐에는 수동적으로 공기가 유입된다.

② 호기(날숨): 호기 시에는 오히려 수동적으로 횡격막과 늑골이 원래대로 돌아가고, 또 폐의 탄력에 의해 폐 속의 공기가 나오게 된다.
1회 호흡량은 400~500ml 정도가 된다. 폐활량은 최대로 들여 마신 후 최대로 내뿜는 공기량을 말한다.

그림 5-2 호흡운동

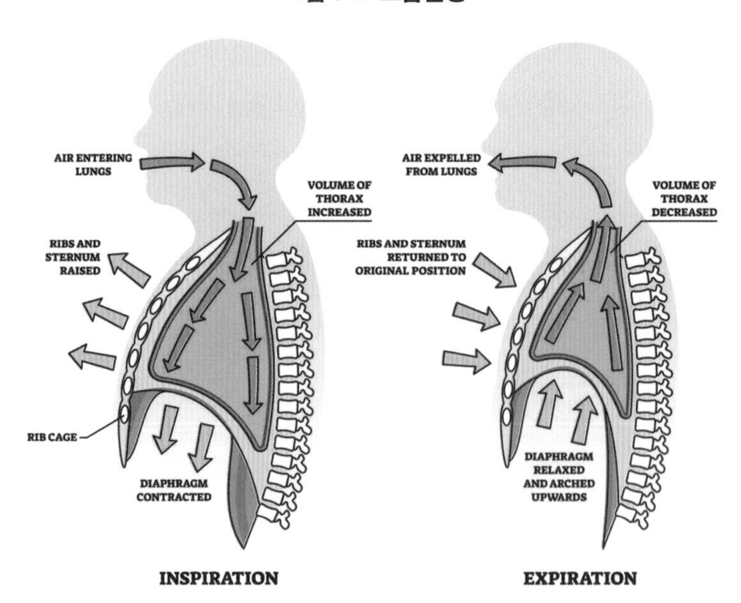

3) 호흡에 관련된 근육 및 신경

(1) 호흡근육

① 횡격막(가로막 / diaphragm)

가슴 안과 복강을 분리하는 돔모양의 근육이다. 횡격막의 위쪽은 가슴, 아래쪽은 배로 구분이 되며 가로막이라고도 한다. 횡격막은 포유류에서만 가지고 있는 막으로, 횡격막의 상하운동에 의해 호흡운동이 이루어진다. 횡격막(가로막)은 흡식(들숨)의 주된 근육이다. 횡격막이 수축하면 근육은 편평해지고 복부를 향해 아래로 내려간다. 이런 움직임은 가슴 안의 길이를 늘린다.

그림 5-3 횡경막

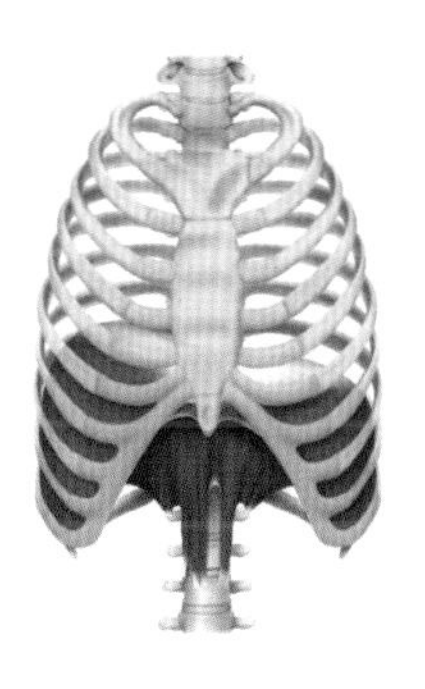

② 늑간근(갈비사이근육 / intercostal muscle)

외늑간근(외갈비사이근)과 내늑간근(안쪽가슴사이근)은 늑골사이에 있다. 흡식 시 외늑간근이 수축하면 흉곽은 위로 올라가고 밖으로 나와서 가슴 안의 넓이를 증가시킨다. 가슴 안의 부피가 증가하면 허파의 부피도 증가한다. 부피가 증가하면 허파의 압력은 감소하고, 그 결과 허파 안쪽으로 공기가 흐르게 된다. 호식 시에는 호흡근이 이완되고 늑골과 횡경막이 되돌아가게 된다. 이런 움직임은 가슴안과 허파의 부피를 감소시키고 허파의 압력을 증가시킨다. 결과적으로 허파 밖으로 공기가 흘러나온다. 허파조직의 탄력조직인 반동과 허파 꽈리의 표면장력은 호기(날숨)을 촉진한다.

그림 5-4 늑간근

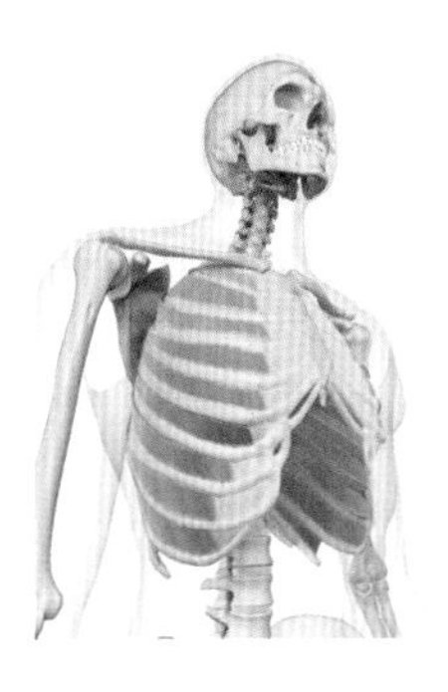

(2) 호흡과 연관된 근육

① 승모근: 상배부에 있는 삼각형의 큰 근육으로 후두부 · 경부(頸部) · 배면정중부(背面正中部)에서 시작하여 외측으로 모여서 빗장뼈와 어깨뼈에 붙어 있다. 어깨를 후방으로 끌어당기는 작용을 한다.

② 광배근: 허리에서 등에 걸쳐 퍼지는 편평하고 큰 삼각형 모양의 근이다.

그림 5-5 승모근 / 광배근

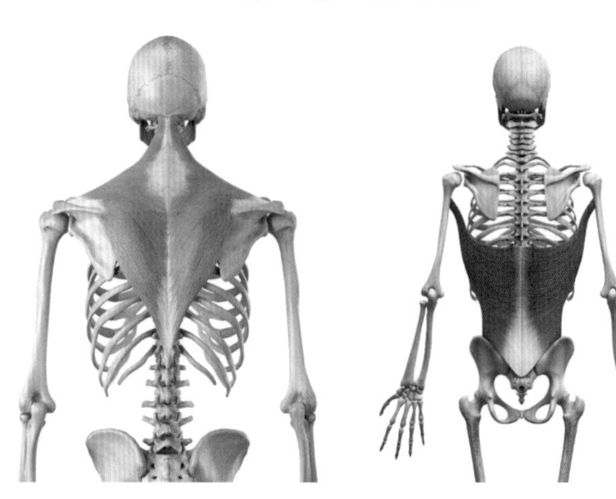

③ 사각근: 경추의 바로 바깥쪽에 있고 전, 중 및 후사각근으로 나뉘어진다. 합해서 추측근군이라고도 한다. 경추의 횡돌기에서 생기고 바깥 아래쪽으로 향해 제1~2 늑골에 붙는다. 경신경총의 가지로 지배되고 늑골을 끌어 올리거나 경을 굽히거나 한다.

④ 소흉근: 대흉근 밑에 있는 삼각형의 편평한 근이다. 제3~5늑골에서 생겨 위의 바깥쪽으로 달려서 견갑골의 오훼돌기에 붙는다. 흉신경으로 지배되고 견갑골을 안의 아래쪽으로 잡아당기고 견갑골이 고정되고 있을 때에는 늑골을 들어 올린다.

그림 5-6 사각근 / 소흉근

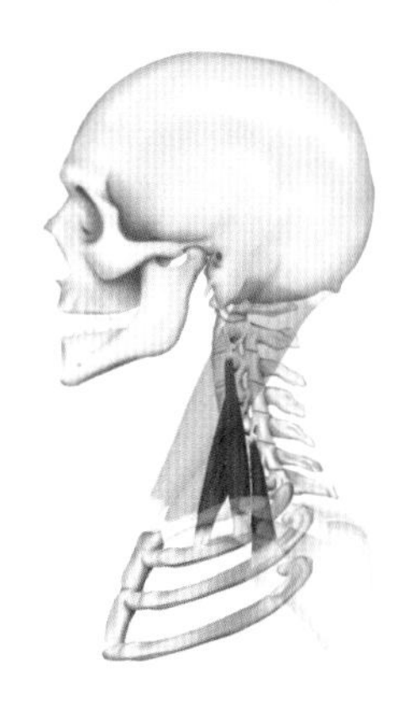

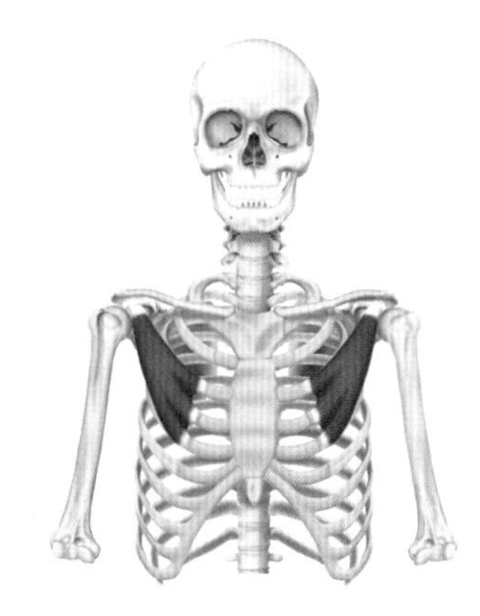

⑤ 대흉근: 흉부 앞면을 덮고 있는 편평하고 매우 강대한 근육이다. 쇄골 중앙에서 안쪽 부분, 흉골의 바깥쪽 가장자리에서 윗부분의 6~7개의 늑연골, 복직근초(복직근을 앞뒤로 감싸는 근막)의 전엽(前葉) 표면 등에서 시작되어 상완골 위 끝의 앞면에 있다.

⑥ 전거근: 가슴의 외측벽을 덮고 있는 근으로 상지의 운동에 관계하고 있는데, 어깨뼈를 흉곽으로 끌어당기거나, 어깨뼈를 고정시키면 늑골이 당겨 올라가므로 흡기 운동도 도움이 된다.

그림 5-7 대흉근 / 전거근

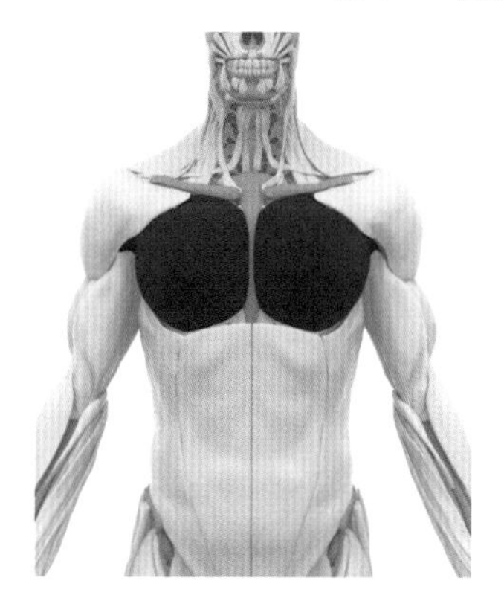

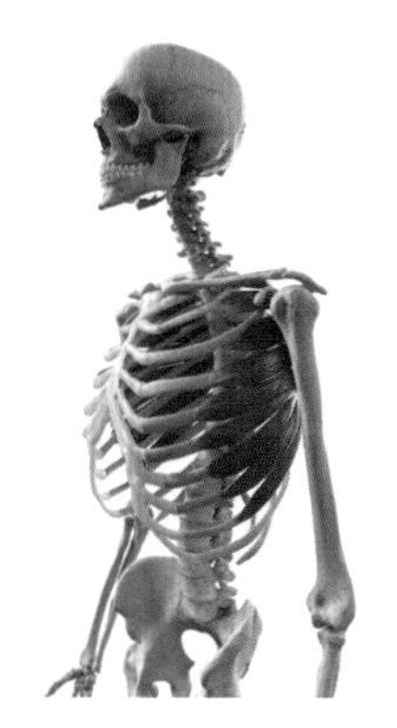

(3) 호흡근 지배하는 신경

호흡근을 지배하는 운동신경은 가로막 신경과 갈비사이신경(늑간신경)이다. 가로막 신경은 척수의 C4에서 기시되어 경신경총을 타고 가로막으로 분포한다. 그러므로 척수 C4 이상 손상 받을 호흡운동에 영향을 받을 수 있다.

① 호흡에 관련된 중추신경계와 말초신경계

중추신경에서 뻗어 나온 말초신경 중 12쌍의 가슴신경(흉추신경, thoracic nerve)이 호흡에 밀접한 영향을 미치며, 이 흉추신경이 자율신경계에 의해 폐, 심장, 위, 간, 신장의 영향을 미치게 된다. 즉, 호흡은 내장기의 폐, 심장, 위, 간, 신장에 영향을 주게 되는 것이다.

3 호흡의 홀리즘적 의미

현대인들은 호흡이 얕고 짧다. 그 이유는 실내에서 오랫동안 허리를 굽히고 앉아 있는 자세와 스마트폰 등장과 관련이 높다. 이런 자세는 호흡과 연관되어 있는 근육을 단축시키고, 들숨과 날숨을 깊이 있게 진행하지 못하도록 막는다. 홀리즘적 호흡의 의미는 아유르베다의 바타, 즉, 공기의 이동에서 찾아볼 수 있다. 호흡은 아유르베다에서나 중의학에서 모든 생명의 시작을 의미한다. 아유르베다에서는 생명력을 뜻하는 프라나는 숨, 호흡으로 공급되어 인체의 모든 대사를 움직인다고 한다. 즉, 호흡은 인간 생명력의 원천이다. 아이가 태어나서 첫 울음을 통해 폐호흡을 하게 되면서 생명력을 얻게 되는 것과 같은 이치이다. 중의학에서 호흡은 기를 발생의 원천이라고 한다. 즉, 바깥 공기에 존재하는 에너지를 호흡을 통해 내부로 흡수해 신체의 대사를 움직이게 한다. 이는 외호흡을 통해 들어온 에너지(아유르베다는 프라나, 중의학은 기)를 통해 체내의 대사를 촉진시키므로, 내부의 정체물이 밖으로 배출되게 하여 체내의 독소를 배출시키므로 염증을 억제하고, 염증에 의한 화기를 제거할 수 있다. 또한, 순환촉진을 위해 체내의 수분 대사를 촉진시켜 수분의 정체되어 있지 않고 순환할 수 있도록 도와준다.

그리고, 호흡계를 연결되어 있는 근육과 신경이 긴장과 뭉침을 풀어줌으로 호흡을 원하게 도와주어 깊은 호흡을 유도하여 체내 순환 촉진을 원하게 하게 하므로 근본적 문제를 해결할 수 있다.

홀리즘테라피 솔루션 제안

Chapter 06

핌플테라피

1 여드름피부의 특징과 요인

여드름은 모낭에 붙어 있는 피지선의 과다한 피지 분비로 인해 모공 밖으로 나와야 할 피지가 원활하게 배출되지 못하고 막히게 되면서 발생하는 만성 염증성 질환을 말한다.

그림 6-1 모낭의 구조

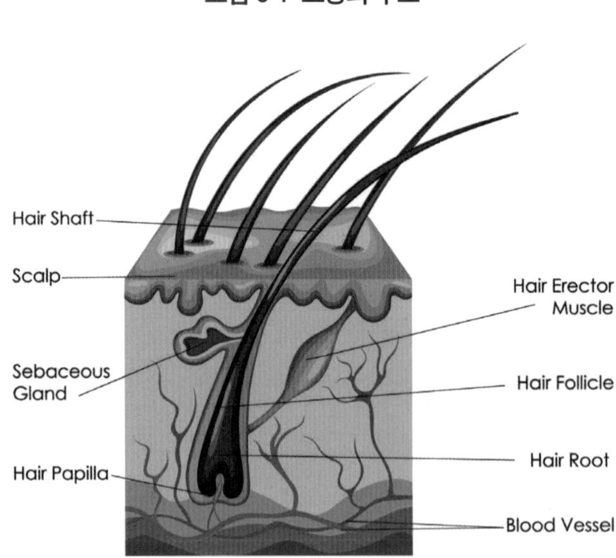

1) 여드름피부의 특징

여드름피부는 피지분비가 과다하여 피부가 두껍다. 여드름과 여드름 흉터로 피부 결이 울퉁불퉁하고 거칠다. 피지가 분비량이 많아 화장이 잘 지워지고 늘 번들거린다. 여드름과 면포가 눈으로 확인되며, 제대로 관리가 되지 않은 경우에는 흉터가 남을 수 있다. 피부 표면이 거칠고 피부색이 고르지 못하다. 얼굴에 주로 발생하지만 목, 등, 가슴 같이 피지선이 발달한 부분에 여드름이 발생 가능하다.

그림 6-2 여드름피부의 특징

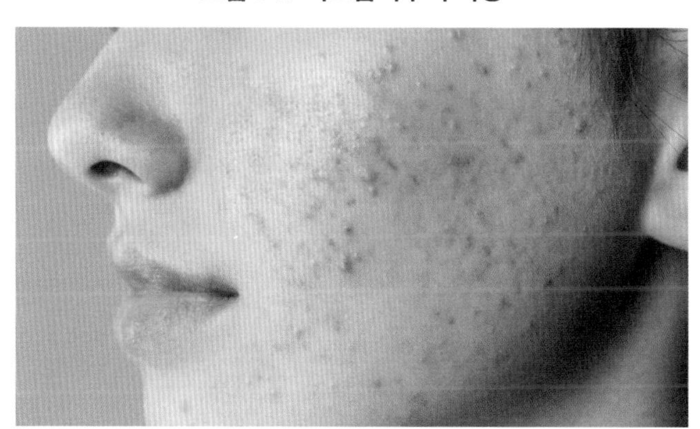

2) 여드름의 생성과정

(1) 피지의 과다증가

여드름피부는 정상피부보다 피지분비가 많고, 이 피지분비 정도가 여드름의 증대에 밀접한 연관이 있다. 청소년기에 여드름이 많이 생기는 이유는 2차 성징을 하면서 호르몬의 급격한 변화가 생기기 때문이다. 남성호르몬인 테스토스테론은 5α-환원효소에 의해 디하이드로테스토스테론(dihydrotestosterone / DHT)로 변화하게 되고 이 DHT가 피지선을 자극하여 피지분비를 증가시킨다.

(2) 모공 내 과각질화 과정

모공은 진피 내에 존재하지만 표피세포로 감싸져 있다. 피부표면의 각질은 20여 층인데 반해 모공 내 표피의 각질은 3~4층 정도이다. 이 모공 내 표피도 각화작용을 하는

데, 일정시간 있다가 떨어져 나가야 하는 각질이 떨어지지 않고 모공 내 각질을 비후하게 된다. 그러면서 보공을 막는 현상이 생기게 되고, 모공이 막히면 피지가 배출되는 구멍이 막혀 여드름이 발생하게 된다.

(3) 여드름균인 P. acnes 번식

여드름의 원인균인 P. acnes는 피부 모공 깊은 곳에서 살고 있고 산소를 싫어하는 혐기성 균이다. 모공이 막히게 되면 막힌 모공 안은 상대적으로 산소가 부족하게 되어 살기 좋은 환경이 된다. 이렇게 증식된 P. acnes 균에 의해 피지가 대사되면서 유리지방산으로 분해가 된다. 이런 성분들이 비염증성 여드름을 뾰루지처럼 붉어지고 심하면 곪게 만드는 염증성 상태의 여드름으로 발전하게 된다.

그림 6-3 여드름 종류(비화농성vs 화농성)

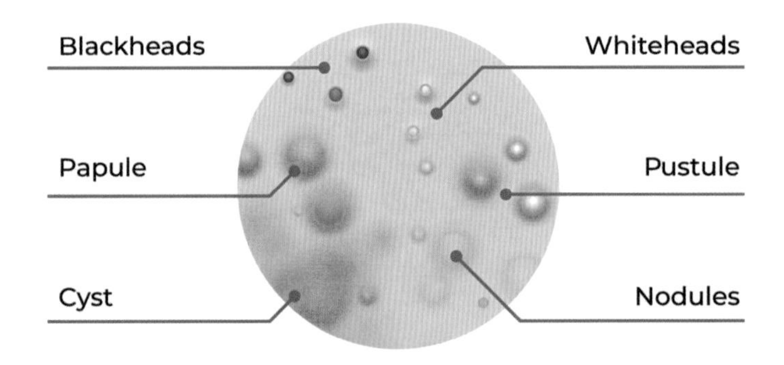

3) 여드름의 악화요인

(1) 유전

과잉으로 피지가 많이 분비되는 유전인자나 모공 내 과각질화를 일으키는 유전인자가 있다. 즉, 부모가 여드름이 있는 경우, 자녀가 여드름이 발생할 경우가 높으니 사춘기 때 주의를 가지고 관리해 주어야 한다.

(2) 스트레스

스트레스는 테스토스테론을 증가시켜 피지선을 자극시켜 피지량을 증가시킬 수 있다. 또한, 스트레스는 면역기능을 저하시켜 염증 억제 여드름을 더욱 유발시킬 수 있다.

(3) 음식

여드름 악화 요인 중 하나가 음식이다. 최근 많은 연구에서 청량음료, 초콜릿 등이 여드름에 악영향을 미치는 대표적인 음식이라고 말하고 있다. 이런 단당류 외에 포화지방, 패스트푸드 같은 고혈당지수를 가진 음식 및 맵고 짠 자극적인 음식들은 섭취하고 나면 인슐린의 수치가 높아지면서 여드름을 자극하게 된다.

(4) 장내세균과 여드름

변비가 있으면 여드름이 올라온다는 말을 많이 하는데, 최근 많은 연구에서 장과 여드름의 상관관계에 대한 연구 결과들이 나오고 있다. 변비가 심하거나 대장이 좋지 않은 경우에는 장에 정상적으로 있어야 할 유산균들이 병원성균으로 바뀌게 된다. 이러한 독성이 있는 균에서 나오는 내독소(endotoxin)가 몸으로 흡수되면 우리 몸에 염증반응을 유도시키기 때문에 기존 여드름이 있는 경우 더욱 악화된다. 장내 유산균을 늘리기 위해서는 유산균을 많이 섭취하거나 섬유질이 풍부한 음식을 섭취하고 규칙적인 식사를 하는 것이 매우 중요하다.

(5) 피부장벽의 손상

여드름은 반드시 지성피부에만 나는 것은 아니다. 여드름 피부는 여드름 난 부위와 여드름이 나지 않는 부위의 다른 피부타입을 가진 복합성피부가 많다. 예를 들면, 건조피부인데 여드름이 발생하거나, 여드름피부와 민감피부가 동시에 나타나거나 할 수 있다. 대부분의 여드름이 있는 고객은 피지과다가 여드름의 주원인이라고 생각하기 때문에 과도한 클렌징을 하는 경우가 많다. 당장은 세안으로 인해 여드름이 호전이 될 수는 있을지는 몰라도 정상 피부의 장벽을 무너뜨려 결국 여드름이 생기지 않았던 정상 피부를 자극하여 오히려 여드름이 더 많이 생길 수 있기 때문에 주의가 필요하다.

이 밖에도 마스크의 사용은 피부자극 및 마스크 오염 등으로 인한 트러블이 증가하였다. 소양증, 뾰루지, 모낭염들이 발생 확률이 높으며, 여드름을 악화시키는 원인이 되기도 한다.

2 여드름의 종류 및 관리 방법

피지덩어리, 아크네균, 각질 등이 산화되어 딱딱한 여드름 씨가 형성되고, 이 여드름 씨가 각질이 증가하면 모공이 막히면서 여드름이 생성될 수 있는 환경이 된다. 여드름이 성숙되면서 2가지 타입으로 발전하게 되는데 하나는 염증이 없는 비화농성 여드름과 염증을 동반하는 화농성 여드름이다.

1) 비화농성 여드름

(1) 종류와 특징

① 백여드름

피부표면에 1~2mm 정도의 좁쌀만 한 알갱이들이 보이기 시작하면 그것은 여드름의 시작이다. 면포란 피지가 피부 표면으로 빠져나오지 못하고 뭉친 것을 말한다. 백여드름은 미세면포가 커지면서 모공 안에 갇혀 약간 도출되어 흰색 모양으로 피부에 보이는데 이는 그 입구가 막혀 있어서 폐쇄면포, 닫힌 여드름이라고 부르며 모양이 흰색이어서 화이트헤드(whitehead), 백여드름, 백두여드름이라고 한다. 일반적으로 좁쌀 여드름이라고 부른다. 모공 입구가 닫혀 있기 때문에 혐기성균인 P. acnes 균이 활동하기 매우 좋으며, 그래서 염증성 여드름으로 발전할 가능성이 높다. 모공 입구가 좁아서 짜게 되면 피지가 모두 밖으로 도출되지 않는다. 오히려 모공을 터지게 해 염증을 유발시킬 수 있다. 화이트 헤드는 잘못된 화장품 사용이나, 유전적 요인, 민감한 피부 등에 나타나기 쉽다.

그림 6-4 백여드름(Whitehead)

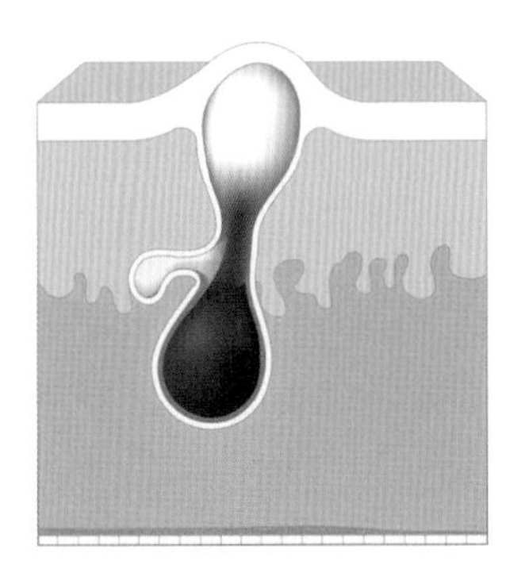
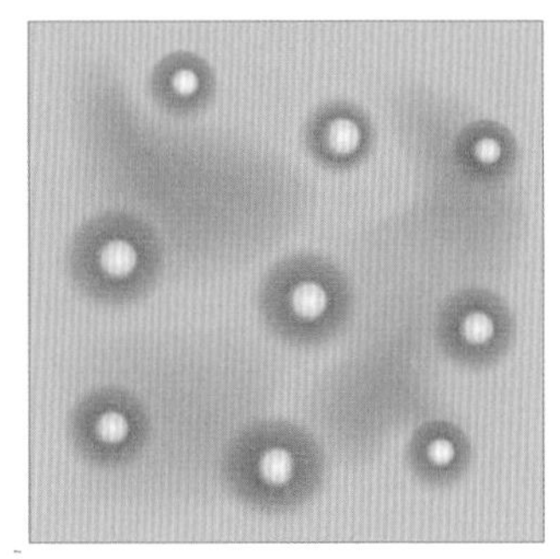

② 흑여드름

흑여드름은 흔히 흑두여드름 즉 블랙헤드(blackhead)라고 한다. 블랙헤드는 모공이 열려 있어 모공 속에 박혀 있는 피지가 공기와 만나서 산화되어 까맣게 변해 있는 상태를 말하기 때문에 개방형 면포, 열린 여드름이라고 한다.

그림 6-5 흑여드름(Blackhead)

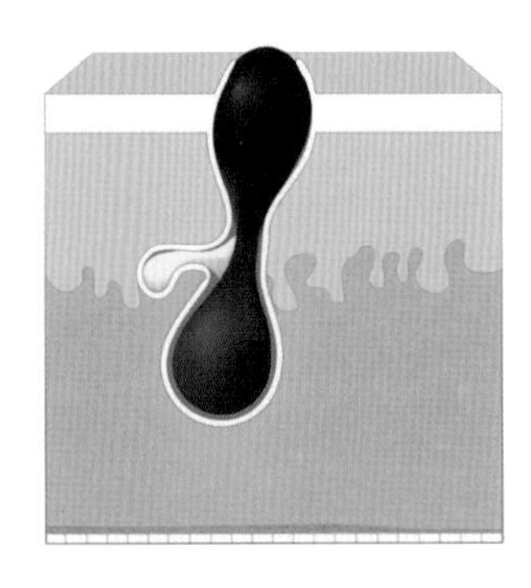
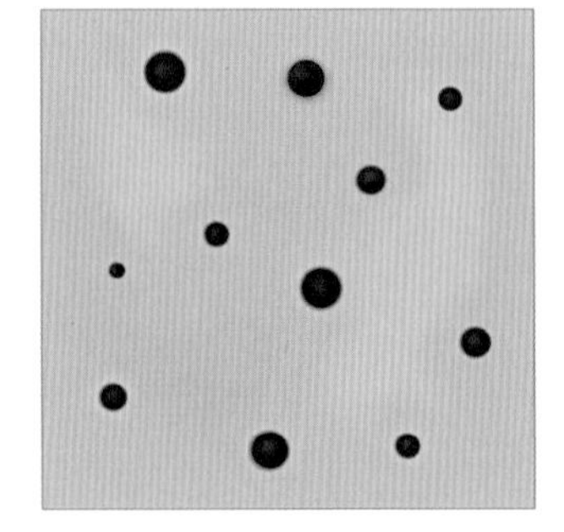

(2) 비화농성 여드름 관리 방법

비화농성 여드름이므로 쉽게 짜는 경우가 많은데 백여드름은 모공이 막혀 있어, 염증성 여드름으로 발전하기 쉽다. 염증성으로 발전할 경우가 적은 흑여드름 경우에도 손으로 짜게 되면 모공조직이 늘어나 모공이 커지고, 피지를 자극으로 짜지 않는 것이 좋다. 대신 모공을 막고 있는 각질을 녹여 자연스럽게 피지가 제거되도록 하는 것이 좋다. 피지배농을 도와주는 마사지 테크닉을 이용하는 것도 방법이다.

2) 화농성 여드름

(1) 종류와 특징

① 구진여드름(Papule)

구진여드름은 염증여드름의 시작단계이다. 우리가 뾰루지가 부르는 단계가 구진여드름 단계이다. 난포벽이 파괴되어 염증이 발생 시작한 여드름이라고 할 수 있다. 모낭입구가 심하게 부풀어서 거의 육안으로 보이지 않는다. 세균감염으로 혈액이 몰려 심한 통증, 부종, 염증 증상을 유발하는 여드름이다. 여드름을 제거하기 위해 억지로 눌러서 짜게 되면 오히려 염증이 더 심해지거나 색소침착이나 여드름 흉터로 발전할 수 있다. 그래서 구진여드름은 짜면 안 되는 여드름이라고 한다.

그림 6-6 구진여드름(Papule)

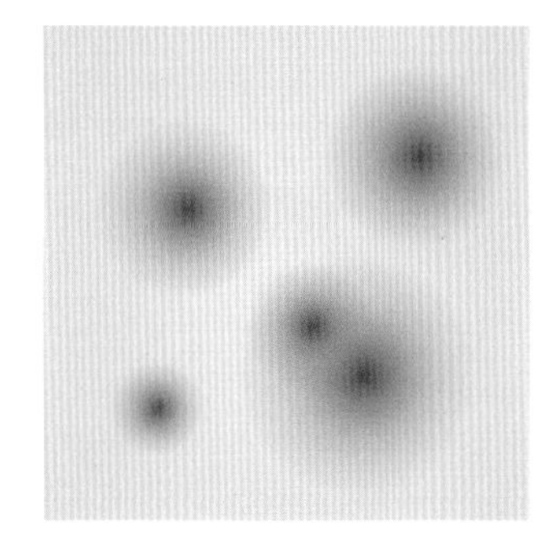

② 농포여드름(Pustule)

구진여드름이 더 진행되면 고름 주머니가 눈으로 보이기 시작하는 농포단계가 된다.

이 여드름을 농포여드름이라고 한다. 이 여드름은 노란색 고름이 맺혀 있는 여드름으로 모공을 조금 열게 되면 짤 수 있는 여드름이다. 그래서 대부분 농포여드름일 때 압출하는 경우가 많다.

그림 6-7 농포여드름(Pustule)

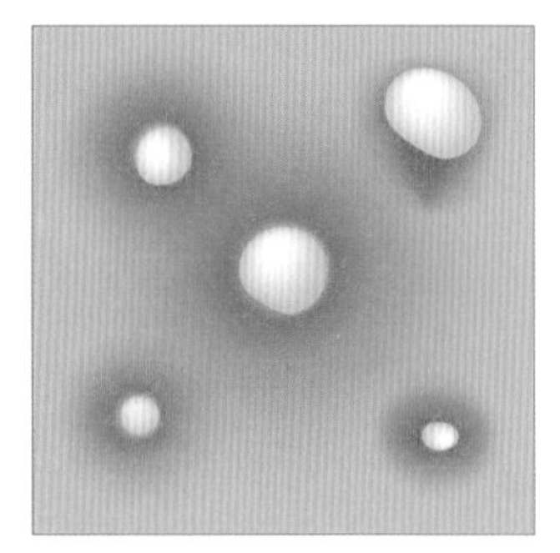

③ 결절여드름(Nodules)

난포벽의 아랫부분이 파열된 형태이고 염증이 오래되면서 재건과 염증이 반복되어 피부 조직이 딱딱해져 있는 상태의 여드름을 말한다. 검붉은 색상을 띠고 속에서 통증이 유발되는 여드름이다. 흉터가 생길 확률이 높은 여드름이다.

그림 6-8 결절여드름(Nodules)

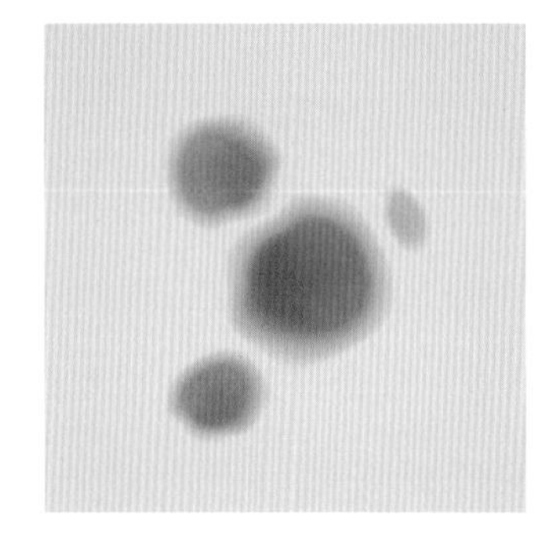

④ 낭종여드름(Cyst)

낭종여드름은 여드름의 염증이 심하게 악화되었을 때 나타나는 여드름이다. 낭종 여드름은 염증상태를 넘어서 손상된 피부조직, 면역세포들로 구성된 고름으로 가득 차 있는 상태이다. 낭종 여드름은 피부가 움푹 파인 여드름 흉터를 남기거나 반대로 부풀어 올라 큰 휴의 형태로 남는 켈로이드성 여드름으로 남게 된다.

그림 6-9 낭종여드름(Cyst)

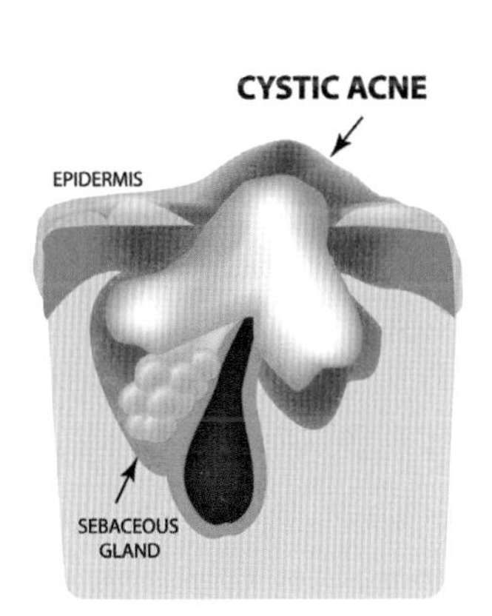

(2) 화농성 여드름 관리 방법

화농성 여드름은 구진 여드름으로 발생 시 빠르게 진정시키는 것이 중요하다. 즉, 화농성 여드름 케어 시 가장 중요한 것은 여드름이 결절여드름, 낭종여드름으로 발전하지 않도록 케어 하는 것이다. 결절여드름이나 낭종여드름으로 발전하게 되면 여드름 흉터가 남을 확률이 매우 높기 때문에 구진여드름이나 농포여드름일 때 빠르게 염증을 진정시켜 주는 것이 매우 중요하다. 여드름 씨가 제거되지 않으면 계속 재발 가능성이 있으므로 압출을 시도하는 것도 좋다. 단, 압출은 앞에서 언급했듯이 농포여드름일 때 가능하나, 집에서 압출하는 경우 오히려 다른 모낭을 터지게 하여 염증을 추가로 유발시킬 수 있기 때문에 전문가에게 받는 것이 좋다. 특히 압출 후 케어가 매우 중요한데, 압출 후 상처 받은 부위를 빠르게 진정하고 염증을 케어하는 것이 중요하다.

여드름은 모낭 내의 염증을 말하는 것이므로 앞선 Chapter 04. 4D 리페어테라피를 기억해서 적용해 보자.

3) 여드름 예방케어

평소 올바른 이중세안과 딥 클렌징을 통해 주기적으로 각질제거하고 모공 속 피지와 노폐물을 흡착을 통해 각질이 모공을 막는 것을 예방하고 피지를 조절하고 박테리아 성장을 억제한다. 과도한 세안이 아닌 피부 타입에 맞는 올바른 세안방법과 피부 장벽을 지켜주는 수분 공급을 통해 피부 발라스를 유지하여 여드름 발생을 예방한다.

(1) 홀리즘 솔루션

내장기의 문제나 순환의 문제가 여드름을 더욱 악화시킬 수 있다. 그러므로 홀리즘적 관점에서 여드름의 악화요인을 체크해 통합적 여드름관리가 중요하다.

림프 순환이 안되면 여드름이 더욱 악화된다. 림프는 지방을 흡수해 운반하는 역할을 하므로 림프의 순환이 제대로 이루어지지 않으면 여드름이 악화될 수 있다.

내장기의 문제가 발생하게 되면 피부반사구의 표현에 의해 그 부위에 트러블로 표현될 수 있다. 예를 들어, 변비 등 대장의 배변활동에 문제가 발생되면 광대 아래쪽 볼에, 소화력이 약해 음식의 소화가 원할하지 않을 경우에는 이마에 뽀루지가 유발될 수 있다. 코 등 볼 주변의 여드름은 호흡이 원할하지 않을 때 원인이 되고 등 또는 가슴여드름도 유발할수 있다. 생식기쪽 문제가 발생하면 턱쪽이나 입쪽에 여드름을 악화시킬 수 있다.

또한, 앞서 언급했듯이 스트레스성에 의해 피지선이 자극받을 수 있으므로 스트레스 제거면에서 중요하다.

이렇듯 여드름은 단순히 피지과다에 의해 발생하는 염증성 질환이 아니라 여드름을 반복적으로 발생하는 여드름 케어를 위해 전체적인 방법이 필요하다.

홀리즘테라피 솔루션 제안

Chapter 07

시신경테라피

1 해부학적 관점의 시신경

참고 눈 기관과 눈가피부

1) 눈

눈은 시각 정보를 수집하고 이를 전기·화학 정보로 변환하여 시신경이라는 통로를 통하여 뇌로 전달하는 기관이다. 옛말에 눈은 심상즉체상(心想즉體相)이라고 하여 마음의 모습이 외모로 나타나는데 그것이 눈이라고 한다. 사람의 정기는 잠을 잘 땐 마음에 머물고, 깨어 있을 땐 눈에 머문다는 말이 있듯이 아유르베다에서 눈은 불의 에너지를 담고 있어 인지와 기억을 담당한다.

2) 눈가피부

피부두께는 521micrometer보다 2~3배 얇다. 피지선이 적어 평소에 건조함을 느끼고, 보호막형성이 되지 않아 피부 내 수분이 빨리 탈취되어 건조하다. 대표 근육으로 안륜근이 존재하는데 표정근육으로 눈꼬리 주름이나 애교살 밑 주름을 형성한다. 눈가는 얇고 운동량이 만고 건조하므로 피부 중 가장 먼저 노화하는 피부라 할 수 있다.

그림 7-1 눈가조직

1) 시신경

시신경(optic nerve)은 망막에서 감지된 빛 정보(시각 정보)를 뇌로 전달하는 신경으로 약 120만 개의 신경세포 다발로 되어 있다.

2) 시신경의 기능

안구 속 망막에서 광수용기 세포(photoreceptor)에 의해서 감지된 빛의 정보는 양극세포(bipolar cell), 신경절세포(ganglion cell)의 순으로 전달된다. 신경절세포의 축삭들이 안구 뒤쪽에서 나와 시신경을 형성하며, 뇌로 들어간 시신경은 시각로(optic tract)를 이루어 시각 정보를 전달한다. 즉, 우리가 눈을 통해서 사물을 보게 되는 과정은 물체에서 나온 빛이 눈을 통해 망막에 도달하게 된다. 망막내부의 시세포에서 이러한 빛이 전기신호로 변경되게 된다. 전기신호가 시신경을 타고 뇌의 시각을 담당하는 부분으로 전달하므로 물체로 인식하게 되는 것이다.

시신경을 통해 들어가는 정보는 다른 감각정보와 다르게 척수를 거치지 않고 뇌신경(cranial nerve)의 두 번째 뇌신경으로 바로 전달된다.

그림 7-2 시신경

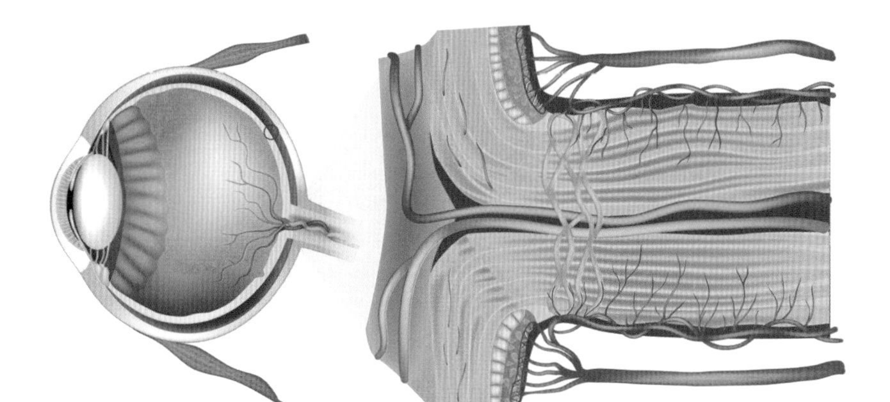

3) 시신경 손상에 의한 질병

시신경이 손상되면 여러가지 질병이 발생한다. 시신경유두가 창백해지고 시력이 감퇴하는 눈의 질병인 시신경 위축, 시야결손 및 시력 손상을 일으키는 녹내장, 시신경이 안구 바깥으로 나가는 부위를 시신경 유두라고 하는데 이곳에 부종이 생기는 시신경 유두부종, 50대 이후 발생하는 질환으로 시력장애와 시야결손이 발생하는 허열성 시신경, 시신경염과 급성 척수염이 동시에 발생하여 생기는 면역질환인 시신경 척수염등이 대표적인 시신경 손상에 의해 나타나는 질병이다. 이렇듯 시신경에 문제가 생기면 시력이 손상되거나 더 큰문제로 발전할 수 있다. 시신경은 한 번 손상되면 쉽게 회복이 어려우므로 예방관리가 중요하다.

4) 시신경 손상의 시작 - 안압상승

안압이란 눈(안구)의 압력을 말한다. 안압은 너무 낮으면 안구 자체가 작아지는 안구위축이 올 수 있고, 너무 높으면 시신경이 손상된다. 안압은 주로 방수(눈 안에서 생성되는 물로, 눈의 형태를 유지하고 내부의 영양분을 공급함)순환의 균형에 의해 결정된다. 방수는 홍채 뒤쪽의 모양체라는 조직에서 매일 조금씩 생성되며 양만큼 순환을 통해 눈 외부로 배출되는 흐름을 갖는다. 방수가 너무 많이 생성되거나 흐름에 장애가 생겨 배출이 적어질 경우, 눈 내부의 압력이 올라간다. 이러한 과정을 통해 안압이 상승되어 녹내장 등 많은 시신경 문제를 발생한다. 안압의 정상범위인 10~21mmHg에서 갑자기 상승하게 되면 시력감소, 구토, 두통, 충혈 등이 일어난다.

5) 안압상승에 영향을 주는 요인

이렇듯 건강한 눈을 유지하기 위해서 안압 내부에 적절한 압력 유지가 매우 중요하다. 안압이 상승되는 것으로 시신경이 눌려 손상되는 것과 시신경 혈류에 장애가 생겨 시신경의 손상이 진행된다는 두 가지 기전으로 설명하고 있다. 안압을 상승에 영향을 주는 요인으로는 스트레스, 불면증, 음주, 렌즈착용, 고혈압, 당뇨 등이 영향을 줄 수 있다.

(1) 스트레스와 불면증

스트레스와 불면증은 자율신경계의 교감신경계를 상승시킨다. 교감신경계는 모세혈관 괄약근을 수축시키는 작용을 하므로 안구로 가는 모세혈관을 수축시켜 혈류 장애가 생기게 된다.

그림 7-3 불면증

(2) 음주

음주는 급격하게 혈관을 확장하여 혈압을 상승시키는데 이런 현상이 반복되면 안구내 미세혈관의 혈류 순환에도 영향을 미치게 된다. 술을 마시면 간에서 알코올이 분해되면서 아세트알데히드가 생성된다. 이 아세트알데히드는 국제 암연구소가 지정한 1급 발암물질로 세포와 DNA를 손상시키며, 알코올 분해 과정에서 활성산소가 생성된다.

그림 7-4 음주

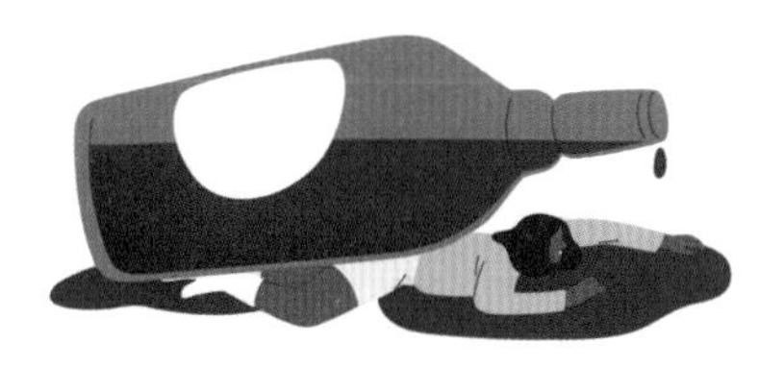

(3) 올바르지 않는 렌즈착용

올바르지 않은 렌즈착용으로 눈이 충혈되거나 건조해지는 현상이 일어나게 되는데, 이런 현상으로 눈의 안압을 상승시킬 수 있다. 특히, 서클렌즈는 다른 렌즈에 비해 두꺼워 산소 투과율이 낮아 각막에 손상을 입게 되고, 이 때문에 신생혈관이 생겨 잦은 충혈이 일어나게 되고 건조해지니 주의해야 한다.

그림 7-5 렌즈착용

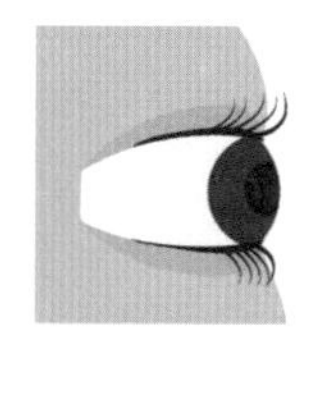

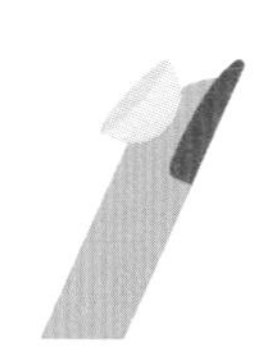

(4) 고혈압과 당뇨병

대부분 당뇨가 있으면서 고혈압을 가진 사람들이 많다. 당뇨가 있으면서 공복혈당이 높을수록 안압이 올라간다. 특히, 당뇨가 있으면 중심 각막이 두껍고 딱딱해지는데 이것 때문에 안압이 높게 측정된다. 또한, 방수 유출에 있어 핵심적인 역할을 하는 섬유주 세포가 인위적으로 높은 당에 노출되었을 때 방수 유출 정황에 관여하는 세포외 물질 중 하나인 파이브로넥틴이 증가하기 때문이다. 심혈관계 위험인자들도 안압을 올리는 작용하므로 고혈압, 당뇨가 있으면 안압이 올라가 시신경에 문제를 발생시킬 수 있다.

2 시신경 문제 해결을 위한 홀리즘 솔루션

1) 눈가조직 문제와 그에 대한 솔루션

처음부터 안압이 상승하고 시신경의 문제가 생기는 것은 아니다. 눈가조직 내의 여러 문제들이 발생하면서 현재 눈가조직 내 문제가 발생하고 있다는 초기증상을 보여주고 있다. 결국에는 눈가조직학적 문제의 발생이 지속되다 보면 시신경의 문제가 발생하기 때문이다. 우선 눈가피부조직에서 보여지는 문제를 확인해 보자.

눈가는 외부에 대한 보호막형성이 되지 않고, 미세혈류로 인해 내부적 균형이 깨지기 쉬운 형태이다. 대표적인 눈가 피부를 보면 부종, 다크써클, 아이백, 주름, 비립종, 한광종 등이 있다. 이 모든 대부분의 문제가 눈가피부 조직의 순환의 문제이지만, 특히, 비립종과 한광종에도 미세혈관의 순환이 안되어 생성되는 것이다.

(1) 부종

그림 7-6 눈부종

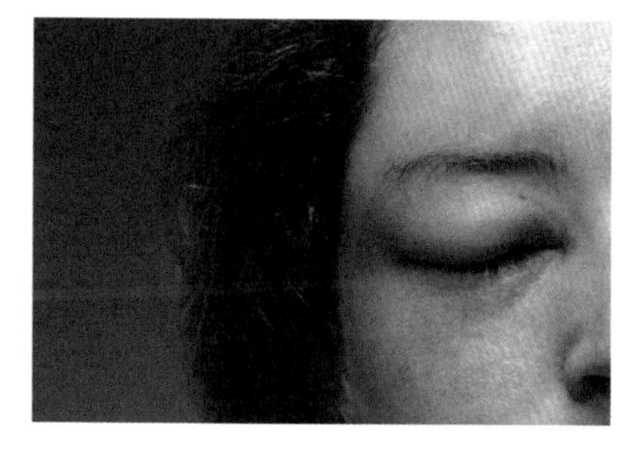

눈가조직의 혈류는 매우 미세한 혈관으로 구성되어 있다. 이 혈액 순환이 안되면서 눈가조직 내의 노폐물이 쌓이게 되고, 특히, 수분 정체물이 눈가조직 내에 많아지게 되면 부종을 형성한다. 즉, 눈가조직 내의 정맥 순환을 촉진시켜주므로 수분정체물을 지속적으로 빼내어 주는 것이 중요한다. 이런 수분 정체물은 추후 시신경에게 압박을 주거나 다른 혈류순환에 장애를 일으킬 수 있다.

(2) 다크써클

눈 밑부분이 그늘진 것처럼 보이는 상태를 말한다. 주로 눈 밑에 지방이 쌓여서 그 부위의 피부가 부풀어오르고 늘어져서 어두워 보이게 된다. 눈 주위에 오랜 기간 동안 습진이 있었던 경우에도 멜라닌 색소가 침착되어 생길 수 있으며, 눈 밑의 정맥확장 또는 잔주름 등도 원인이 될 수 있다. 특히, 피로나 스트레스에 의해 교감신경계 작용이 과잉되면 미세혈관 괄약근을 수축시켜 순환장애를 일으켜서 생기는 경우가 많다. 그러므로, 과잉된 교감신경계의 밸런스를 맞춰주기 위해 긴장을 풀고 릴렉스가 필요하다.

그림 7-7 다크서클

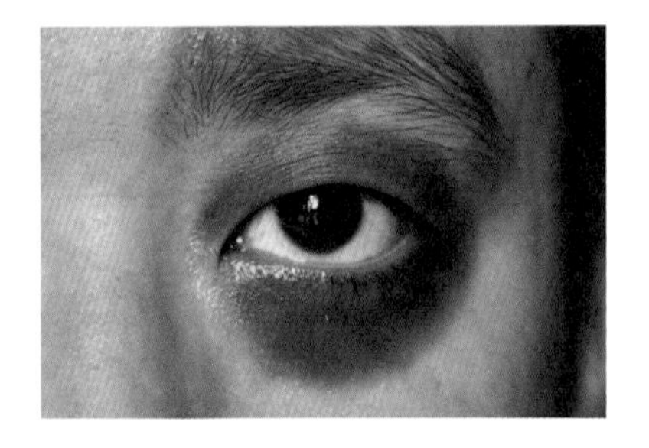

(3) 아이백

신장, 방광 에너지가 부족하거나 정맥이 순환이 되지 않아 눈가조직 내의 정체된 수분이 많아지면 눈 밑 주머니가 형성된다. 부종과 마찬가지로 눈가조직 내의 정맥 순환을 촉진시켜 주므로 수분정체물을 지속적으로 빼내어 주는 것이 중요한다. 이런 수분 정체물은 추후 시신경에게 압박을 주거나 다른 혈류순환에 장애를 일으킬 수 있다.

그림 7-8 아이백

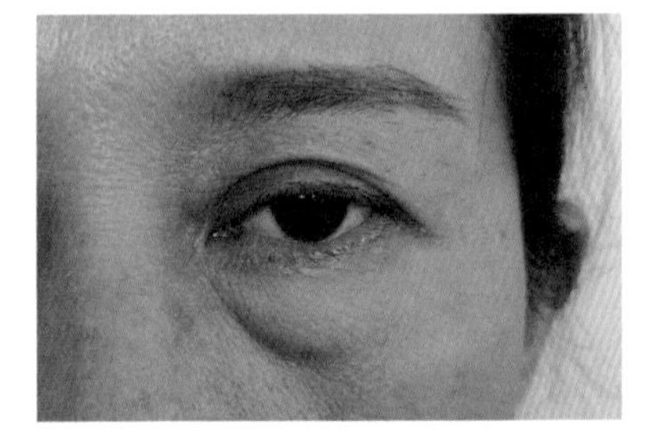

(4) 비립종

비립종은 피지 또는 가질 덩어리가 피부 속에 쌓여 작게 나타나는 것으로 보통 초기 여드름과 비슷한 모양으로 나타난다. 피지순환, 즉 지방 노폐물이 배설되지 않으면 생성된다. 지방노폐물 순환 관리를 위해 림프 순환 관리가 필요하다.

(5) 한관종

눈 주변의 작은 깨처럼 형성된 것으로 면역계의 문제가 발생했을 때 일어나는 경우가 많다. 순환장애 세포들이 영양분과 산소공급을 제대로 이루지지 않으면 조직 내의 면역체계가 떨어지게 된다. 눈가조직 내의 면역력을 강화시켜 스스로 바이러스나 세균에 대항하는 힘을 길러야 한다.

(6) 안구 건조, 안압

피로와 잘못된 습관으로 눈속에 염증이 생기게 되면 열이 건조와 안압의 상승이 발생한다. 이는 염증을 유발시켜 안압상승과 건조를 더욱 악화시키므로 염증케어를 같이 해 주었을 때 효과적이라 할 수 있다.

2) 조직학적 홀리즘 솔루션

눈가조직의 문제가 생기고 안압의 상승에 문제가 생기는 것은 눈가조직학적 문제를 통해 홀리즘적 솔루션을 찾아볼 수 있다.

(1) 부비동

부비동 비강에 이어져 있고 주위의 골 속에서 볼 수 있는, 공기가 들어 있는 강소(腔所)로 생체에 있어 두골의 무게가 이것의 존재로 감소되는 것으로 알려져 있다. 또한, 비강을 지나는 공기를 데우기도 한다. 전두동(8cc), 상악동(6cc), 사골동(7cc), 접형동(15cc)로 존재한다. 부비동은 비어 있으면서 공기를 데우거나 두개골의 무게를 분산시키거나 해야 하는데, 그 곳에 비강으로 들어오는 노폐물이 쌓이면서 문제가 발생한다. 이 곳에 쌓인 노폐물이 염증을 일으키며 부비동염을 발생한다. 특히, 부비동에 차 있는 염증은 눈가피부 주변에서 조직의 염증을 전이시키거나, 부비동에 차 있으므로 순환을 방해하는 역할을 한다. 따라서, 부비동의 염증이 생기지 않도록 배농시켜 주는 것이 매우 중요하다 할 수 있다.

그림 7-9 부비동

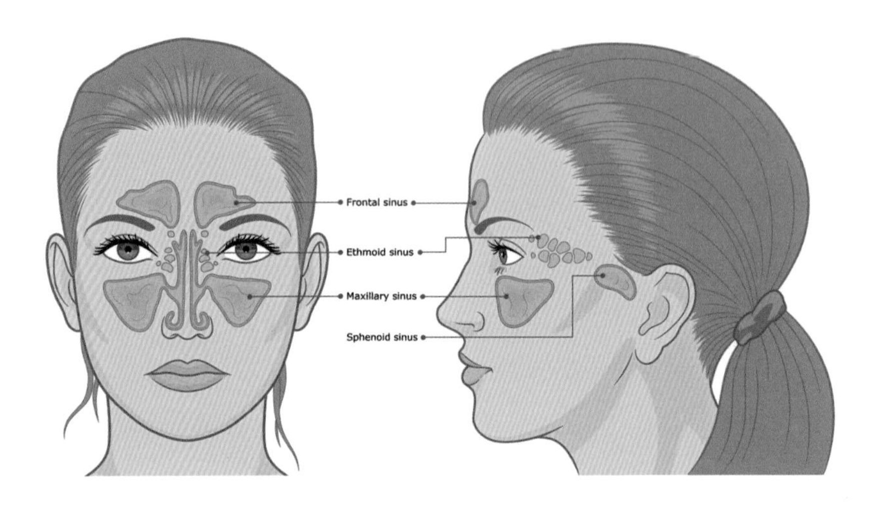

(2) 눈조직과 연결된 근육과 연결조직

① 안륜근: 눈주위 원형근육으로 눈을 감는 등 눈 운동을 하는 근육이다.

② 상안검거근: 위 눈꺼풀을 위로 들어올리는 근육으로 눈을 뜨게 하는 근육이다.

③ 비근: 코에 위치하며 콧구멍을 움직이는 얼굴근육이다.

④ 추미근: 눈썹주름근, 또는 추미근은 눈에 가까이 위치한 작고 좁은 삼각형의 근육이다. 이 근육은 눈썹활의 안쪽 끝에서 일어나 눈썹 피부의 깊은 표면에 닿는다. 작용 시 눈썹을 아래 안쪽으로 당겨 이마에 수직 방향으로 주름을 만든다.

⑤ 측두근: 측두와 전체로부터 생겼고 악골의 오해돌기까지 뻗어가는 넓고 방사형으로 달리는 근육으로 저작근에 속한다.

⑥ 후두근: 머리뼈를 덮고 있는 근육이다.

⑦ 흉쇄유돌근: 목 부분에 위치하며 복장뼈의 위 끝과 빗장뼈의 안쪽 끝에서 시작하여 귀의 뒤쪽 꼭지돌기로 비스듬히 뻗어 있는 크고 긴 근육이다.

⑧ 승모근: 상배부에 있는 삼각형의 큰 근육으로 후두부 · 경부 · 배면정중부에서 시작하여 외측으로 모여서 빗장뼈와 어깨뼈에 붙어 있다.

그림 7-10 안면근육

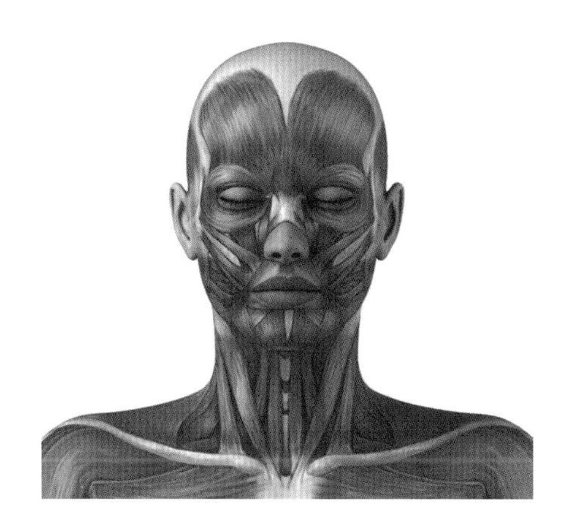
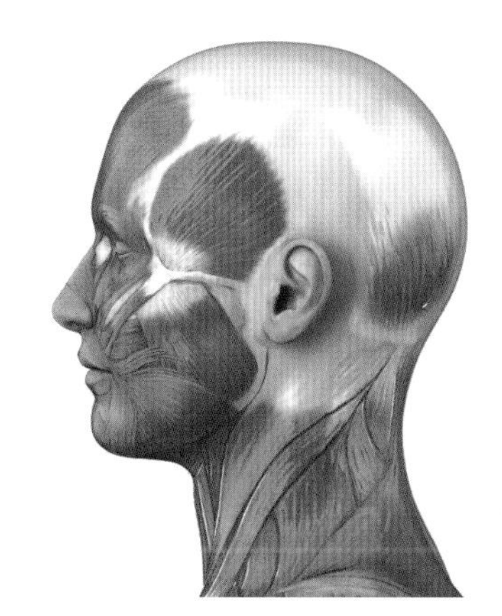

얼굴근육, 즉, 안면근에서 눈가 조직에 직접적인 영향을 주는 안륜근, 상안검거근, 비근, 추미근 외에 측두근, 후두근, 흉쇄유돌근, 승모근은 근막이 눈가조직과 연결되어 있다. 경락의 족양명 위경, 족소양 담경, 족태양 방광경 라인이 눈의 혈점과 연결되어 있다. 이는 또한 같은 근막으로 연결되어 있어, 내장기 문제 중 비위의 문제, 간담의 문제, 신방광의 문제가 눈가조직의 혈류의 순환과도 연관이 있다.

(3) 안면부 림프절

안면부 림프절은 얼굴 측면 근처로 분포되고 있다. 즉, 정맥으로 흡수되지 못한 얼굴에 있는 잉여 수분 노폐물과 지방 노폐물, 이물질들을 림프절로 잘 빼내어 주는 것이 중요하다. 특히, 눈가는 미세 림프관으로 형성되어 있어, 순환장애를 일으키기 쉬우므로 림프절이 잘 순환할 수 있도록 도와, 눈가조직의 노폐물, 이물질을 제거해 염증이 발생하지 않도록 하는 것이 중요하다.

그림 7-11 안면림프절

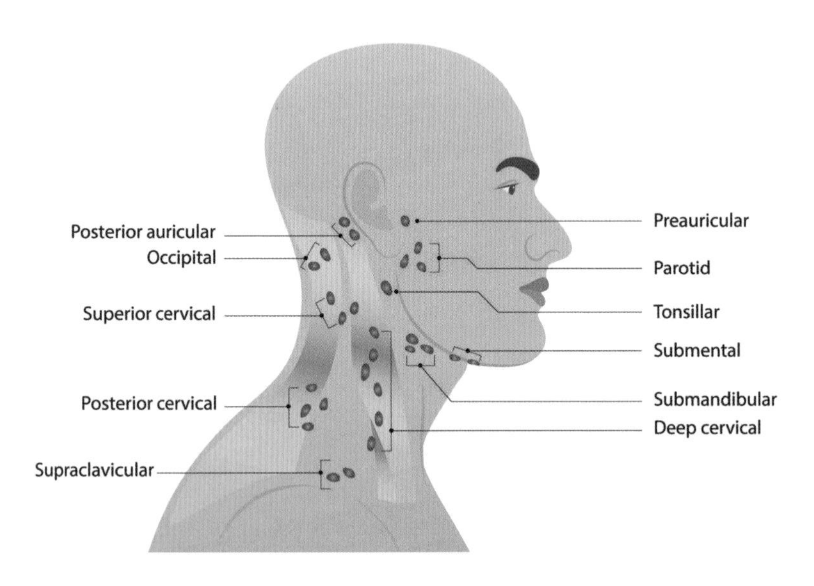

홀리즘테라피 솔루션 제안

Chapter 08

슬림포르테

1 비만

1) 비만의 정의

비만은 체내조직에 지방조직이 과다한 상태를 의미하며, 근육량이 포함되어 있는 체중하고는 밀접한 관계는 없어 체중이 많이 나간다고 해서 비만이라고 하지는 않는다. 따라서, 비만이란 생활의 편리와 신체활동의 감소로 인해 소비하는 에너지보다 섭취하는 에너지 과잉으로 비정상적인 피하지방과 체내지방이 많아진 상태를 일컬으며 지방이 지방조직에 과잉침착된 상태를 말한다. 하루에 섭취한 에너지는 기초대사(BMR)에 60% 정도, 운동과 행동에 20% 정도, 그리고, 대사에 10% 정도가 소비된다. 이들 에너지 소모량보다 큰 에너지를 섭취하면 여분의 에너지 모두 중성지방으로 전환되어 지방조직에 축적되어 비만의 원인이 된다.

2) 비만의 형태

비만의 형태는 지방조직의 모양이 나타나는 시기에 따라 분류한다. 단순성형 비만(hypertrophic)과 증후성형 비만(hyperpiastic - hypertrophic)으로 구분한다.

(1) 단순성형 비만

단순성형 비만은 지방세포의 크기가 비대해짐으로써 나타나는 것이다. 대체로 어른이 된 후 지방세포가 비대해지면서 생기는 것이다.

(2) 증후성형 비만

증후성형 비만은 지방세포의 수가 증가함과 동시에 지방세포의 크기가 비대해짐으로써 나타난다. 아동기나 청소년기 성장기에 비만하게 되는 경우는 증후성형 비만으로 지방세포수도 증가하고 지방세포 크기도 비대해진다. 증후성형 비만은 치료하기가 매우 어렵고 질병을 수반하기 쉽다. 소아비만은 어른이 되어서 70% 이상 비만자가 되므로 성장기 비만은 중대한 문제로 특별한 관심으로써 지도가 요청되며 유아기, 소아기, 소년기에 더욱 주의해야 한다.

그림 8-1 내장형 단순비만 / 중후성 피하지방축척 지방

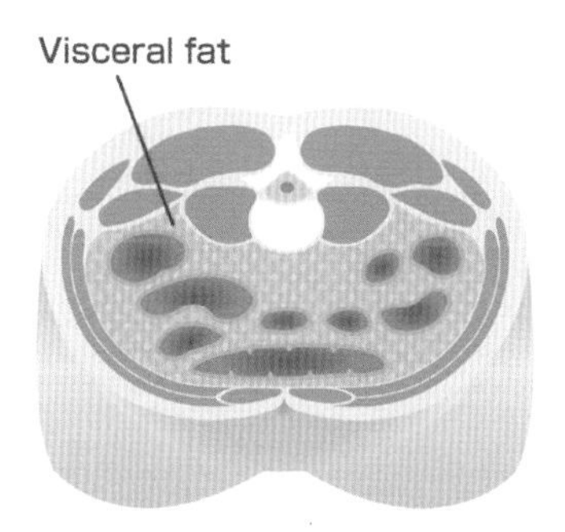

Visceral fat obesity

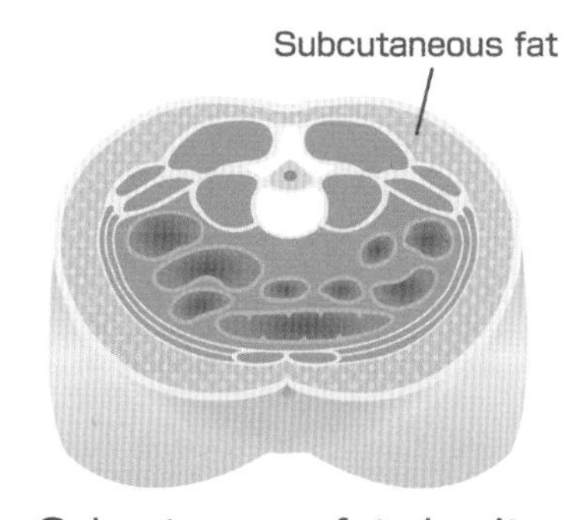

Subcutaneous fat obesity

> **참고 지방세포(adipocyte)**
>
> 1) 지방세포의 정의
>
> 지방조직에서 지방을 저장하는 세포를 말한다. 지방조직(adipose tissue)의 20~40%의 세포구성을 차지한다. 백색 지방세포(white adipocyte)와 갈색 지방세포(brown adipocyte)가 있는데, 보통은 백색지방세포를 가리킨다. 백세지방세포는 에너지를 저장하는 세포이고, 갈색지방세포는 에너지를 열을 발생한다. 비만하게 되면 지방세포가 커지고 그 수도 증가한다.

그림 8-2 비만세포(adipocyte)구조

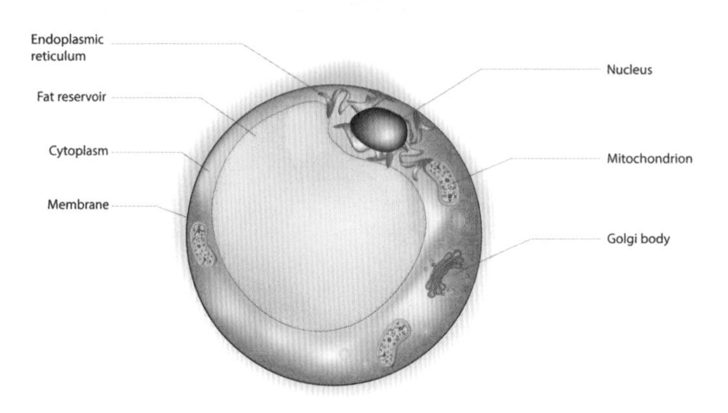

2) 지방세포의 역할

(1) 에너지 저장

지방조직은 내분비 기관으로 대사에 중요한 역할을 수행하는데 음식물을 과하게 섭취할 경우 과잉 유리 지방산(free fatty acid)와 포도당(glucose)을 트리글리세리드(triglyceride)로 만들어서 지방세포에 저장하게 된다. 여기에 축적된 중성지방은 공복 시 가수분해되어, 유리지방산(NEFA)의 형태로 혈류로 운반되어 에너지의 근원이 된다.

(2) 아디포넥틴과 렙틴분비

지방세포는 에너지 저장과 방출 외에 다양한 내분비 기능을 수행한다. 그중에 아디포넥틴(adipoectin)과 렙틴(leptin)은 지방세포만이 분비하는 걸로 알려져 있다.

(3) 열발생(갈색지방세포)

갈색 지방세포는 에너지 소모를 주도하고 몸에서 열을 내는 기능을 한다.

3) 지방세포의 역할

(1) 에너지 저장

지방조직은 내분비 기관으로 대사에 중요한 역할을 수행하는데 음식물을 과하게 섭취할 경우 과잉 유리 지방산(free fatty acid)와 포도당(glucose)을 트리글리세리드(triglyceride)로 만들어서 지방세포에 저장하게 된다. 여기에 축적된 중성지방은 공복 시 가수분해되어, 유리지방산(NEFA)의 형태로 혈류로 운반되어 에너지의 근원이 된다.

(2) 아디포넥틴과 렙틴분비
지방세포는 에너지 저장과 방출 외에 다양한 내분비 기능을 수행한다. 그중에 아디포넥틴(adipoectin)과 렙틴(leptin)은 지방세포만이 분비하는 걸로 알려져 있다.
(3) 열발생(갈색지방세포)
갈색 지방세포는 에너지 소모를 주도하고 몸에서 열을 내는 기능을 한다.

3) 비만의 원인

(1) 내적원인

① 유전적 요인과 성장기 환경

비만 형성되는 것은 유전적 요소가 큰데, 부모가 모두 비만인 경우 비만 아동이 될 확률이 73%이고, 부모 중 한 쪽만 비만인 경우 비만아동이 될 확률이 41%, 부모 모두 비만이 아닌 경우 비만아동이 될 확률이 9% 미만으로 비만 부모의 자녀가 비만 발생 빈도가 훨씬 높다. 특히, 증후성형 비만이 아동비만은 유아기에 형성되며, 유아 때 지방세포수가 결정되므로 성인으로 가서 비만이 유지될 경우가 높다.

일반적으로 비만 요소는 유아기에 형성된다. 유아의 지방 축적은 비만 성인으로 발전한다.

② 호르몬 내분계의 요인

비만을 일으키는 원인 중 하나가 바로 호르몬(Hormone). 호르몬은 신경계 시스템과 함께 식욕 및 성욕 조절, 성장, 소화, 체중 조절과 관련한 우리 몸의 주요 신진대사를 주도하는 수십여 개의 물질로, 각 호르몬이 분비되는 조직과 기능은 제 각각이다. 이 중 비만을 일으키는 원인으로 특정 호르몬들이 있다.

렙틴 호르몬은 지방 세포에서 분비되는 식욕 억제 단백질이다. 몸에 충분한 에너지가 저장되어 있으니 더 많은 열량을 섭취할 필요가 없다는 '포만감 신호'를 시상하부에 전달하는 역할을 한다. 렙딘의 분비가 줄어들면 식욕이 상승하면서 과식을 하게 되고, 과열량은 곧 체내 지방으로 누적되며, 증가된 체지방은 곧 렙틴 분비를 증가시킨다. 렙틴 호르몬이 과도하게 많아지면 오히려 혈중 렙틴 농도가 높아져 포만감을 못느끼게 된다. 그러므로, 지방조직이 많은 사람들이 오히려 포만감을 못 느끼게 된다.

스트레스 호르몬인 코르티솔을 스트레스를 받으면 이에 대항하기 위한 에너지인 포도당을 다량 생성하여 뇌로 보내는 역할을 하는데, 이때 코르티솔의 혈중 농도가 높아질수록 식욕을 돋우고, 이는 곧 지방 축적의 결과로 이어질 수 있다. 이러한 과정에서 고지혈증, 고혈압 등의 대사성 증후군의 원인으로 이어지므로 더욱 위험하다.

이런 코르디솔의 분비는 심리적요인인 욕구, 불만, 자신감 모자름 등의 스트레스를 동반하면서 더욱 많이 분비되고 식욕을 증가시킨다.

그렐린은 렙틴과 정반대의 역할을 하는 호르몬으로 일명 '식탐 호르몬'이다. 위장에서 분비되는 그렐린은 위가 비었을 때 시상하부에 공복을 알리는 역할을 한다. 그렐린의 증대는 식욕을 증가시킨다.

③ 기초대사량의 저하

나이가 들수록 기초대사량이 저하되면서 섭취되는 열량보다 적은 열량 소모를 하게 되면서 지방이 축적된다. 기초대사량은 10년에 2%씩 자연 소모되며, 무리한 다이어트나 불규칙적인 생활습관에 의해서도 지속적으로 저하된다.

참고 기초대사량

기초대사량은 생물체가 생명을 유지하는 데 필요한 최소한의 에너지량을 의미한다. 체온 유지나 호흡, 심장 박동 등 기초적인 생명 활동을 위한 신진대사에 쓰이는 에너지량으로 보통 휴식 상태 또는 움직이지 않고 가만히 있을 때 기초대사량만큼의 에너지가 소모되는 것을 말한다.

(2) 외적요인

① 섭취 칼로리의 에너지 소모량의 불균형

하루에 1회의 다식(多食), 야식(夜食)을 하면 인슐린(Insulin) 분비 증가로 지방 합성이 활성화되며 에너지 이용의 효율화 등의 원인이 된다. 생체 리듬이 대사 능력은 주간에는 이화 작용이 항진되는 상태에 있고 야간에는 동화 작용이 항진된다. 특히, 야식의 높은 Cal 섭취는 인슐린의 분비를 높이고 Glucagon의 분비를 저하시켜 지방 합성 물질을 촉진시키므로 비만은 밤에 이루어지기 쉽다고 하였다. 일상생활에서 빈번한 식사(간식)는 섭취 에너지 대사를 높이며 과잉 섭취가 되기 쉽고 체지방을 증가시킨다. 특히, 알코올(음주)은 Cal의 과잉 섭취를 초래하게 하여 성인 비만의 원인이 된다고 하였다.

그림 8-3 패스트푸드

② 운동부족

일상생활에서 운동이 부족하면 섭식량과 소화 흡수율에 변화가 없고 활동량(운동량, 작업량)이 줄면 에너지 섭취량은 상대적으로 과잉되게 되고 장기적 지속은 비만으로 이끈다. 만약, 하루에 50cal의 과잉이라도 이것이 저장지방으로 저장된다고 하면 1개월에 체중은 약 150g이 증가하고 1년에 약 2kg이 증가하게 된다.

③ 환경, 온도, 기후의 영향

여름에는 식욕이 떨어지고, 겨울에는 식욕이 왕성해져서 지방으로 체온을 유지한다.

이런 원인들에 의해 소모되어야 하는 열량이 소모되지 못하게 되면 지방세포 내에나 조직 내에 셀룰라이트로 정체되게 되면서 비만의 문제를 야기시킨다.

참고 비만의 기준

간단하게 우리는 BMI로 비만을 측정하게 된다. BMI(Boby Mass Index)는 체질량지수를 말한다. 즉, kilogram 단위로 나타나는 자신의 몸무게를 meter 단위로 나타나는 키의 제곱으로 나눈 값을 말한다.

Ex) 신장: 170cm, 체중: 70kg

BMI = 70 / 1.702 = 24.2

아래와 같은 BMI 기준으로 비만을 구분한다.

표 8-1 BMI 별 분류표 _ 세계보건기구기준

BMI	분류
18.5 이하	저체중
18.5~24.9	정상
25~29.9	과체중
30~34.9	비만
35~39.9	고도비만
40 이상	초고도비만

대한 비만학회는 BMI 23 이상을 과체중, 25 이상을 비만으로 규정하며, 허리 둘레는 남성 90cm, 여성 85cm를 기준으로 복부비만을 판정하고 있다.

4) 비만으로 발생되는 질병

21세기를 대표하는 질환은 바로 비만이다. 비만은 미용상의 문제뿐 아니라 많은 질환을 일으키는 가장 중요한 원인이다. 대표적인 질환을 알아보면 다음과 같다.

(1) 피부질환

피부질환은 너무 뚱뚱하기 때문에 걸을 때마다 양다리가 부딪혀서 생긴 염증 및 겨

드랑이 밑이 쓸려서 염증을 일으키는 접촉성 피부염으로 진행된다.

(2) 고혈압

몸이 비대해지면 몸 전체로 보내야 될 혈액이 많아지고, 그만큼 심장이 힘들어 압력이 세진다. 고혈압이 생길 위험은 비만환자가 정상인보다 2배가량 높으므로 케어가 필요하다.

(3) 당뇨병

음식을 먹게 되면 탄수화물은 여러 소화효소에 의해 포도당이라는 형태로 변하여 장에서 흡수된다. 포도당은 사람이 활동하는 데 필요한 에너지원인데, 포도당이 에너지로 바뀌기 위해서는 인슐린이라는 호르몬이 필요하다. 당뇨병은 인슐린의 생산이 부족하거나 작용이 원활하지 않기 때문에 일어나게 되는데, 비만일 경우에는 인슐린이 충분히 있어도 쓰여야 할 곳이 많아 당뇨병의 위험률이 더욱 높아질 수 있으므로, 비만으로 인해 생긴 당뇨는 식사 칼로리를 제한하여 표준체중이 되도록 노력해야 한다.

(4) 고지혈증

고지혈증은 혈액 중에 과량의 지방 성분이 떠다니다가 쌓여 혈관벽을 막게 되어 생기는 질환이다. 특히, 비만하게 되면 몸 전체에 지방이 많은 상태이므로 고지혈증의 위험도가 높아진다. 따라서 이를 치료하기 위해서는 체중조절이 중요하다. 또한, 심장에 분포되어 있는 혈관이 지방에 의해 막혀 혈액 순환이 잘 안되기 때문에 심혈관 질환의 위험도가 높아지게 된다. 특히, 복부 비만인 경우에는 그 위험도가 매우 높으므로 따라서 체중감소가 절실히 요구된다.

(5) 지방간

비만인 사람은 몸 전체에 지방이 많기 때문에 과잉의 지방이 간에까지 쌓일 수 있다. 이렇게 지방이 간에 쌓이게 되면 간 기능도 나빠지고 피로감이나 복부 불쾌감이 나타날 수 있다. 따라서, 비만이라면 체중조절을 통해 이를 예방해야 한다.

(6) 담석증

담석증은 콜레스테롤이나 칼슘 등이 섞인 작은 알갱이가 담도를 막아서 생기는 병으로, 그 알갱이가 옮겨 다닐 때마다 심한 통증이 함께 오는 질환이다. 비만한 사람은 담석증에 걸리기 쉬우며, 특히, 비만한 여성에게서 더욱 뚜렷이 나타난다고 한다. 일단 담석이 생기면 체중조절을 하더라도 그 치료가 쉽지 않으므로 발병 전 예방이 중요하다.

(7) 수면 중 무호흡증

비만인 사람은 과도한 지방 조직의 축적으로 호흡기운동 능력이 제한되어 조금만 움직여도 숨이 차게 된다. 이렇기 때문에 수면 중 호흡이 멈추어 버리기도 하는 수면 중 무호흡증이 나타날 수 있는데, 이는 생명에 위험을 줄 수도 있다.

(8) 동맥 경화증

콜레스테롤이나 중성 지방이 많이 함유된 식품(달걀 노른자, 간, 갈비, 새우, 게, 오징어, 버터 등)을 많이 섭취하게 되면 혈액에 지방 성분이 축적되어 동맥의 벽이 딱딱하게 굳어지고 혈관이 좁아지게 되는데, 이를 동맥 경화라 한다. 특히, 비만한 사람은 동맥경화의 위험률이 보통 사람보다 더 높아지기 쉬우므로 관리가 필요하다.

(9) 통풍

통풍이란 엄지 발가락의 심한 관절염이 특징적으로 생기는 병으로, 요로 결석 등의 합병증도 수반한다. 통풍은 혈액속에 요산이라는 물질이 쌓이기 때문에 일어나는 질병으로, 요산이란 핵산 중에 들어 있는 퓨린의 대사산물로, 요산 그 자체는 몸에 필요가 없기 때문에 배설되어야 할 물질을 말한다. 과식으로 인해 살이 찌면 신장에서 요산 배설 기능이 떨어지고 요산농도가 올라가는 원인이 된다. 요산농도가 올라가면 요산이 결정화되어 관절에 쌓여 통풍을 일으킨다. 이것이 신장에 침착되어 신장 기능 감퇴시키기도 하므로 체중감량이 필수이다.

(10) 퇴행성 관절염과 보행장애

퇴행성 관절염과 보행장애는 살이 찌게 되며 몸을 지탱하는 뼈와 관절계에 부담을 주게 되어 요통이 생기거나, 자세가 나빠져 척추의 변형을 일으키는 일이 있다. 중년 이후의 과격한 운동이나 비만은 관절에 무리를 주게 되므로 세심한 주의가 필요하다.

(11) 생식기 이상, 불임

비만하게 되면 내분비 호르몬의 불균형으로 인해 생식기 기능에 이상이 온다. 여성의 경우에는 무 배란 월경을 수반하는 경우도 있는데 이로 인한 불임증이 되는 경우가 있고, 남성의 경우에는 정자 감소 증세를 보이므로 체중조절이 필요하다.

(12) 암

일부 암은 비만인 사람이 정상인보다 그 발생율이 높은 것으로 알려져 있는데, 여자는 자궁내막암, 난소암, 유방암과 담낭암이 관련되어 있고, 남자는 전립선암, 대장암, 직장암, 췌장암이 관련되어 있다. 따라서, 이러한 암 질환 예방을 위해서는 체중조절이 바람직하다.

(13) 심리적 질환

비만한 사람은 뚱뚱하다는 것을 부끄러움이나 수치스러움으로 여겨 정상인에 비해 우울, 불안, 의욕 부족 등의 증상을 보인다. 따라서, 심리적인 치료를 위해서라도 체중감량을 하는 것이 바람직하다.

이처럼 비만이 되는 것은 미용학적 문제를 일으킬 뿐 아니라 건강상의 여러 다양한 질병을 일으키는 요인이 된다. 그러므로, 건강상의 이유로 비만한 상태가 되지 않도록 관리해 주어야 한다.

2 셀룰라이트

1) 셀룰라이트 정의

그림 8-4 셀룰라이트 피부

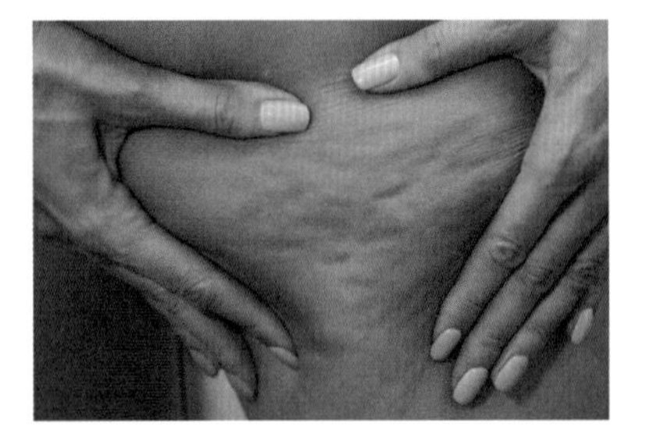

셀룰라이트란 여성의 몸매에 영향을 주는 피하 조직의 국소 대사성 질환으로 셀룰라이트라는 용어는 약 150년 전, 프랑스 문헌에서 처음 사용되었으며, 지방종 육종(edipatosa), 지방 증식증(adiposisedematosa), 피부 박테리아 증식증(dermopanniculosis deformans), 지방이상증(gynoid lipodystrophy) 등의 다양한 의학적 명칭으로 분류된다. 셀룰라이트(Cellulite)란 세포를 뜻하는 'Cellula'와 염증을 뜻하는 ite(프랑스)의 합성어이다. 피부 세포 내에서 순환되는 림프액의 흐름이 원활하지 못하여 조직사이의 간극에 정체된 현상으로 국소적으로 피하지방이 과다 축적되어 뭉치면서 피부가 '오렌지 껍질(orange peel)'처럼 울퉁불퉁해진 상태를 표현한다. 이러한 경우, 비만과 함께 나타나는 것이 대부분이나 호르몬적 영향으로 마른 체형에도 나타날 수 있는 문제성 피부 증상이다.

여기서 반드시 기억할 것이 바로 피부에 염증성질환이라는 것을 기억해야 한다. 비만은 지방이 과잉된 상태로써 그 상태가 대사질환의 원인이 되는 것을 말하지만, 셀룰라이트는 피부에 직접 나타나는 염증성 질환이라는 것이 중요하다.

그림 8-5 건강피부구조와 셀룰라이트 피부구조

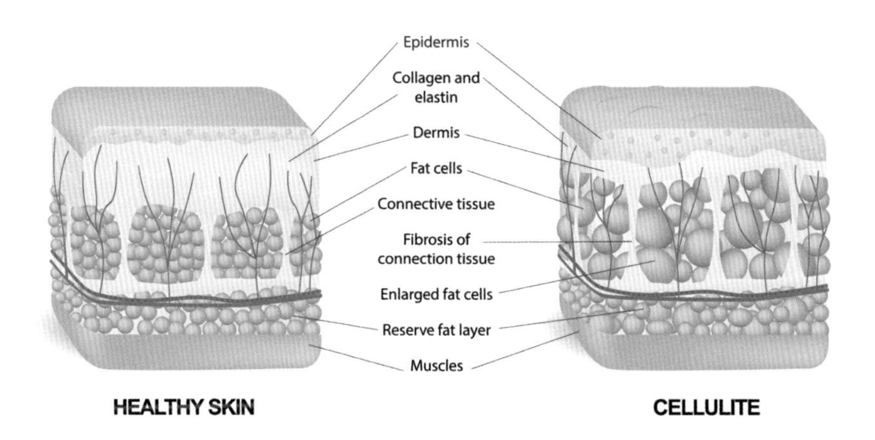

2) 셀룰라이트 발생기전

피하지방은 진피와 근육층을 수직으로 가로지르는 막에 의해 하나의 방을 형성하는 모양으로 구성되어 있다. 지방층은 근막으로 알려진 결합조직에 의해 분리되는데, 마치 달걀 상자에 들어 있는 달걀들처럼, 구획별로 존재한다. 이러한 구획들은 섬유주로 불리는 섬유성 띠들에 의해 분리되며, 근육 심층의 근막으로부터 피부 아래의 근막까지 수직으로 움직인다. 이러한 콜라겐 띠들의 파괴와 지방구의 배출이 피부에 울퉁불퉁한 딤플 형태의 셀룰라이트를 만드는 것이다.

(1) 지방세포의 비대로 인한 순환장애 발생

조직 내 지방세포가 커지게 되면 그 부위의 혈관과 림프관에 순환 장애가 발생한다. 비대해진 지방세포들이 주위 혈관과 림프관을 눌러 신체에 미세 순환 장애를 일으킨다.

(2) 순환장애로 정체 현상 발생

순환장애로 인해 부종이 생겨 조직 내의 정체물이 형성된다. 지방세포와 수분 노폐물의 정체 현상이 일어나게 된다.

(3) 딱딱한 섬유화현상으로 딤플 현상 발생

순환의 지방 세포와 수분 노폐물이 주변 섬유들로 인해 거대해지고 단단해지게 됩니다. 순환이 더욱 악화되고 지방 사이의 섬유격막(Fibroussepter)이 더욱 딱딱해지고, 부피가 더욱 커진 지방세포들이 점점 피부 표면으로 올라가 피부를 울퉁불퉁하게 보이게 하는 딤플 현상을 발생시키고 피부 탄력을 떨어트린다.

3) 셀룰라이트 발생원인

(1) 순환둔화

셀룰라이트의 발생 기전을 체내 결합조직 내에서 순환의 문제로 인해 섬유화된 노폐물과 지방세포들이 수직으로 비대화되는 것이다. 진피 바로 아래의 근막 혹은 결합조직의 층을 통해 지방 주머니를 밀어내어 피부에 주름과 딤플을 생성하는 하는 것으로 순환계가 둔화되면 발생한다.

(2) 호르몬

셀룰라이트는 여성호르몬에 의해 발생한다. 여성의 사춘기, 임신기, 폐경기 등에 주로 발생하기 때문. 에스트로겐과 프로게스테론이 감소하는 월경 주기의 후반기에는, MMPs(matrix metalloproteinases, 단백질분해효소)가 올라간다. 콜라겐 섬유를 쪼개고 펩타이드와 아미노선으로 부수어 신진대사의 재순환이 이루어지게 돕는 효소로 신진대사의 원활한 재순환을 돕는 역할을 하는 체내 효소를 말한다. 이러한 호르몬의 영향이 신진대사의 순환을 방해하여 섬유아세포(fibroblast)의 증식을 유도함으로써 콜라겐이나 히알루론산의 변성을 일으켜 국소 부종을 일으킨다. 또한, 지방합성을 증가시켜 셀룰라이트를 발생하고 악화시키는 원인이 된다.

셀룰라이트에 깊은 영향을 주는 것이 여성호르몬이므로 여성들에게 셀룰라이트 여성들에게 많이 나타난다. 여성 호르몬 외에 인슐린과 카테콜라민(아드레날린과 노르아드레날린) 등의 호르몬의 영향을 받기도 한다.

참고 남성보다 여성에게 셀룰라이트가 많이 생성되는 이유

앞에서 언급했듯이 여성호르몬에 의해 지방대사의 문제 때문에 셀룰라이트가 많이 생성되지만, 남성보다 여성이 지방 조직을 형성하는 조직학적 차이를 가지고 있기 때문이다. 남성은 마름모꼴의 망상 모양으로 구성된 것과 달리 여성은 위로 향하는 직사각형 형태로 넓은 면적을 가지고 있어 지방조직이 많이 뭉쳐지기 쉬운 구조이다.

3 비만 / 셀룰라이트 위한 홀리즘 솔루션

1) 홀리즘 관점에서 비만과 셀룰라이트

(1) 대사순환 장애 - 비만

단순하게 지방이 축적되어 비만이 되고, 피하지방이 과다 축적되어 뭉치면서 셀룰라이트가 형성되는 것을 홀리즘적으로 근간의 원인을 찾아보도록 하자.

현대인들은 많은 스트레스에 노출되어 있다. 앞에서도 언급되었듯이 스트레스는 신경계와 내분비계(호르몬)의 밸런스의 문제를 발생시킨다. 신경계 이상은 식욕을 조절하는 기능에 문제가 발생하게 되고 내분비계(호르몬) 이상은 대사작용의 밸런스를 무너뜨린다. 즉, 과잉 잉여 영양분을 흡수하므로 대사가 원활하게 이루어지지 않고 배출에도 문제가 발생한다. 이는 Chapter 03. 자연성형테라피에서 언급되었던 5대 순환 관리에서 대사작용의 문제의 솔루션을 찾아볼 수 있다.

신경계균형 및 내분비계(호르몬) 문제는 세포의 에너지 순환의 문제를 야기시키고, 내장기의 대사에 영향을 미친다. 더욱이 자율신경계의 균형이 깨지면서 혈액 순환의 문제도 야기시킨다. 즉, 5대 순환에서 기의 순환(신경 순환과 에너지 순환)의 문제가 혈의 순환(동맥, 정맥, 림프)에 영향을 미치게 된다. 이렇게 순환계의 문제가 발생하면 배출되어야 하는 지방 정체물이 생기게 되고 잉여 지방이 지방세포에 축적되게 된다. 지방세포는 자기 원래 몸 크기에 400배 이상 지방을 축적할 수 있다. 지방세포의 지방 축적은 인해 조직 내의 미세 혈관 및 림프관의 눌러 대사순환 정체를 더욱 악화시키고, 이에 의해 더 많은 지방과 노폐물이 형성되는 악순환을 가져온다.

(2) 피부 염증성 질환으로의 발전 - 셀룰라이트

이런 대사순환의 악화로 형성된 지방노폐물이 뭉치면서 진피 조직에 존재하는 섬유들과 딱딱하게 결절을 형성한다. 이 결절은 다시 대사순환을 더욱 악화시키고, 더 많은 지방노폐물이 배출되지 못하게 하여 조직 내 정체되게 하면서 더 큰 결절을 형성한다. 이렇게 형성된 결절은 염증성으로 발전한다.

2) 비만과 셀룰라이트의 홀리즘 솔루션

(1) 5대 순환 관리로 대사순환의 장애 해결

위에서 말한 것과 같이 비만관리의 선제되어야 하는 것은 대사가 원활하게 되어 지방이 축적되지 않도록 우선 기의 순환인 신경 순환, 에너지 순환으로 세포의 대사를 활성화시켜 주고, 혈의 순환인 동맥 순환, 정맥 순환, 림프 순환을 촉진시켜 신진대사의 기능을 활발히 하여 조직 내의 노폐물을 해소하는 것이 중요하다.

(2) 내분비계의 밸런스 회복

내장기 대사를 조절하는 내분비계(호르몬)의 균형을 회복시켜 주는 것이 중요하다. 중추신경계를 활성화하여 내장기 대사를 활성화시켜 근본적인 지방 노폐물 정체를 제거한다.

(3) 염증 진정케어

셀룰라이트는 체내에 축적된 노폐물이고 염증의 원인이라는 인식이 우선되어야 한다. 결국 이 화기는 부종, 통증, 변형 등의 2차적 문제의 발단으로 작용한다. 셀룰라이트를 단순히 지방노폐물의 섬유조직으로 인식하여 이 과립된 결정상태를 깨 주는 등 물리적 자극으로 기기를 이용하거나 수기를 사용하는데 결절된 과립의 형태인 셀룰라이트를 깨 주는 과정에서 그 셀룰라이트와 그 주변에 형성된 염증으로 오히려 또 다른 부종 및 통증, 염증 발생 등 추가 문제가 발생하지 않도록 해야 한다.

(4) 정체물 재흡수

뭉쳐 있는 지방과 노폐물을 녹여 림프와 정맥을 통해 재흡수하게 하여 조직 내의 정체물을 제거해 주어야 한다.

(5) 늘어진 피부조직 탄력회복관리

뭉쳐 있는 노폐물과 결절된 섬유조직이 제거되면서 조직이 느슨하게 탄력이 떨어지게 된다. 전체적인 마무리관리로 늘어진 피부조직의 탄력성을 회복시켜 주어야 한다.

(6) 축적 부위

상체비만, 하체비만 등 셀룰라이트의 축적부위에 따라 내인적인 원인을 찾을 필요가 있다. 피부반사구의 위치에 따라 소화의 문제인지, 대사의 문제, 호흡의 문제를 분류하여 케어한다.

홀리즘테라피 솔루션 제안

참고문헌

하명희 외, 해부생리학, 정담미디어, 2010.

김성중 외, Manual Lymphatic Drainage, (주)답메디오피아, 2005.

김홍석, 화장품상담학_전문가과정, 한국화장품상담전문가협회, 2016.

양요한, 음양오행기공, 여강출판사, 1999.

안남훈, 미용경락 이론과 실제, 뷰티비전, 2002.

데이비드 프롤리 & 수바슈라나데, 황지현, 자연의학 아유르베다, 2003.

사릴라 사라면, 보드J, 메진스키, 최여원, 차크라힐링핸드북, 2008.

허라쉬요하리, 이의영, 1996.

Lewis · Gaffin · Hoefnagels · Parker , 전상학 외, 생명과학 길라잡이, 라이프사이언스, 2006.

김종인, 다이어트 테크닉 그리고 자격증_비만관리 기초이론, 도서출판 대진문화사, 2000.

김종인, 다이어트 테크닉 그리고 자격증_비만의 진단과 관리지도, 도서출판 대진문화사, 2000.

홀리즘 에스테틱 이해하기

초판 1쇄 발행 2023년 3월 28일

지은이 이영
펴낸이 이기봉
편집 좋은땅 편집팀
펴낸곳 도서출판 좋은땅
주소 서울특별시 마포구 양화로12길 26 지월드빌딩 (서교동 395-7)
전화 02)374-8616~7
팩스 02)374-8614
이메일 gworldbook@naver.com
홈페이지 www.g-world.co.kr

ISBN 979-11-388-1731-8 (03590)

• 가격은 뒤표지에 있습니다.

• 파본은 구입하신 서점에서 교환해 드립니다.